설레는 유적여행

설레는 유적여행

초판 1쇄 2025년 5월 15일

지은이 김용규
발행인 김재홍
교정교열 김혜린
마케팅 이연실
디자인 박효은

발행처 도서출판지식공감
등록번호 제2019-000164호
주소 서울특별시 영등포구 경인로82길 3-4 센터플러스 1117호{문래동1가}
전화 02-3141-2700
팩스 02-322-3089
홈페이지 www.bookdaum.com
이메일 jisikwon@naver.com

가격 23,000원
ISBN 979-11-5622-934-6 03980

책머리에

자신을 아는 것은 타인을 아는 것보다 더 중요한 일이기에 나는 혼자만의 시간을 좋아한다. 은퇴 후에는 나와의 시간이 중요해졌고 자연스럽게 사회적 모임에도 관심이 줄게 되었다. 살면서 맺은 인연들에는 번뇌가 따라온다는 사실을 경험으로 잘 알기 때문이다. 그런 내 삶에 풍요로움을 더하기 위해 글을 쓰며 여행한다. 그것이 혼자든 함께든 부족함은 없다.

여행이란 낯선 장소와 사람, 수려한 풍광과 선현들의 영혼이 깃든 유적들을 다니면서 삶의 길을 묻고 답하는 나를 위한 사색의 시간이다. 또 나의 방향과 속도대로 마음이 이끄는 만큼 가고, 쉬고 싶은 만큼 쉬면서 하는 자유로운 여정이다. 위태롭고 삭막한 도심을 벗어나 자연이 주는 풍광과 선현들이 남겨놓은 흔적들 속에서 지나온 삶과 무관심했던 마음 까지 살피는 '쉼'의 시간을 만드는 것이다.

"타인으로 인해 내 삶을 낭비하지 말자."

살면서 이런저런 수많은 지식과 경험이 축적되면 어느 순간 새롭고 신선한 일은 쉽게 생기지 않음을 느지막한 나이가 되어서야 절감하고 있다. 그날이 그날이고, 그 일이 그 일의 반복이 새삼스럽지 않은 일상이 되었다. 기를 쓰고 새로움을 찾아 집 밖을 나서는 것도 그런 반복의 일상과 잠든 나를 깨울 자극이 필요하기 때문이다.

내 모든 삶의 재해석과 리메이크도 한 줌의 새로움을 얻으려는 노력의 일부다. 일상에서 낯선 것이 별로 없고, 대부분이 낯익은 것이기 때문에 지루하고 지겨울 정도가 되다 보니, 어디론가 떠나고 싶은 본능이 낯설고 설렘이 있는 곳으로 나를 이끈다.

　수필집 2019년『마음』과 2022년『나에게 가는 길』을 출간한 뒤 주변 사람들로부터 내 글이 재미없고 특별한 이야기도 없는 것 같다는 말을 들었을 땐, 불면의 밤을 보내기도 했다. 2016년부터 SNS에 글을 포스팅하기 시작했으니 아마 내 글을 자주 접하다가 던진, 지인들의 선한 마음의 조언이라고 생각된다. 잠시 마음에 생채기는 생겼지만 상대의 생각이 그렇다는데, 잘 받아들이고 잘 흘려보냈다.
　그렇다고 내 글이 특별히 다르지도 않으니, 조금의 새로움을 더하면서 나만의 글쓰기를 꾸준히 해왔다. 어떤 잡음에도 현혹되지 않고 그저 오늘의 여정을 한 걸음 갈 뿐이다. 덕분에 꾸준함이 가능해졌고, 번뇌가 잦아들면서 좀 더 자유롭고 행복감이 높아졌다는 점은 큰 위안과 평안을 준다.

　"살기 위해, 버티기 위해 행복해야 한다. 행복을 경험한 개체는 생존성이 강해진다."

　연세대 서은국 교수가『행복의 기원』에서 한, 공감되는 말이다. 행복해지기 위해 사는 게 아니라 살기 위해 행복해야 한다는 역설이다.

　나이가 든 사람들도 각자의 경험으로 많은 것을 알고 있겠지만, 정작 '나'에 대해서는 잘 알지 못하는 숙제가 여전히 남는다. 나를 똑바로 보고, 알수만 있다면 나머지 삶이 생각보다 많이 달라질 수도 있기 때문에 나를 아는 것은 무엇보다 중요한 일이다.

특히 내 안의 나쁜 생각을 긍정적으로 바꿀 수 있고, 직면하는 삶의 문제에 지혜로움을 더할 수만 있다면 일상의 평안을 넘어, 더 많은 행복감을 맛볼 수 있다는 믿음이 있기 때문이다.

세 번째 수필집 『설레는 유적여행』은 누군가에게 소개하기엔 많이 부족한 글과 유적 정보이지만, 한국인이라면 한 번쯤 공감하고 마음을 담을 수 있는 문화유산과 삶에 대한 나의 견해를 담았다.

그것은 삶의 번뇌로 인한 괴로움과 누구나 꿈꾸는 행복에 대한, 생각과 경험, 그리고 선현과 성인들의 지혜에 기초한 것이다.

이 책을 통해 근심·걱정이 있는 사람들이 여행을 떠나고, 그곳에서 삶의 위안과 지혜를 얻게 된다면 더없이 감사한 일이다.

특히 여행에서 만난 유적지에 대한 정보는 나름 충분히 담았지만, 역사 전문 서적이 아님에 독자의 아량이 필요하겠다. 세세한 정보는 참고문헌 등을 통해 빈틈없이 충분히 담았으면 좋겠고, 그 무엇보다 마음도 풍경 같은 것이니 시간을 내어서 궁합이 맞는 유적지로 직접 찾아 나서기를 권한다. 잊혀가는 우리 문화와 역사를 담고 일으켜 세우는 일도 시급하기 때문이다. 수려한 풍광과 찬란했던 선현들이 남긴 희로애락의 향기와 지혜를 온전히 담아 '나'에게 쉼의 시간을 주고, 우리 역사를 세우는 인생 여행이 될 것임을 확신한다.

"너의 목소리를 잊고 노래하라
너의 다리를 잊고 춤추라
너의 삶을 잊고 살라
너 자신을 잊고 존재하라"
《카만드 코조리》

　상대의 이야기에 귀를 기울이고 함께 고민하면서 길을 찾으려고 한다면 내가 갈망하는 내면의 지혜에 닿을 수 있을 것이다. 삶의 번뇌와 괴로움에 직면한 모든 분이 좋은 생각과 지혜로 고통스러운 번뇌의 바다를 헤쳐나와 부디 괴로움이 없는 자유롭고 행복한 영혼의 쉼터에 닿기를 응원한다.

2025년 봄날
김용규

닻을 올리지 않고서는 항해할 수 없으니
삶이 괴롭다면 자신이 고집스럽게 내려놓은 닻을 잘 살펴보시라.

CONTENTS

제3장 산중에 녹아든 수행자의 집

제6장 인연과 깨달음이 공존하는 수행자가 머무는 곳

제7장 옛 삶의 흔적을 간직한 마을 이야기

제 1 장

선비의 향이 스며있는 한국의 서원

조선 성리학의 위대한 정신
한국의 서원

　서원은 성리학의 이념으로 설립된 조선시대 교육기관으로, 성리학은 유학의 한 갈래로서 인간의 심성과 우주의 근본원리를 탐구하는 학문이다. 당시 서당은 초등교육기관이었고, 향교는 국립고등교육기관이었으며, 서원은 지방사립고등교육기관 같은 곳이라고 할 수 있겠다.

　서원은 자연과 인간의 심성이 하나 되는 '천일합일'의 성리학 사상이 잘 담겨 있는 교육기관으로 송나라 주희에 의해 정립되었다. 우리나라는 고려 충렬왕 때 안향 선생에 의해 처음 소개되었고, 이후 정도전에 의해 조선의 사상적 기틀이 된 학문이다. 인재 양성 등을 추구하던 당시에는 천여 개에 달할 만큼 위세를 떨쳤다. 그러나 유생들의 파벌과 명문 가문의 이익 등의 이권이 개입되면서 그 가치를 하락시키게 되었고, 조선말 흥선대원군이 47곳만 남기고 서원철폐령을 내리면서 비리가 극에 달했던 서원의 위세는 막을 내리게 된다. 이마저도 일제 침략기와 6·25전쟁 등을 거치면서 피해를 입었고, 온전하게 남아있는 서원은 많지 않다.

　유네스코 세계문화유산으로 등재된 한국의 서원은 영주 소수서원·함양 남계서원·경주 옥산서원·안동 도산서원·장성 필암서원·달성 도동서원·안동 병산서원·정읍 무성서원·논산 돈암서원 총 9곳이다.

영주 소수서원

경북 영주 소수서원은 우리나라 최초의 서원으로 고려 충렬왕 때 안향 선생이 어린 시절 노닐면서 공부하던, '숙수사'라는 절이 있던 자리에 건립된 서원이다. 조선 중종 때 풍기 군수 주세붕이 이곳 출신의 성리학자 안향의 신주를 모시고 제사를 지내기 위해 사당과 함께 강학 공간을 마련하여 '백운동서원'으로 최초 건립했다. 이후 이곳 군수로 부임해 온 퇴계 이황 선생이 조정에 여러 차례 상소하여 국가로부터 특혜를 받는 조선 최초의 사액 서원이 되었고, 국가에 의해 서원이 성리학의 정통성을 정식으로 인정받는 계기가 되었다. 왕이 사액을 내려 국가가 서원의 사회적 기능을 인정한다는 것은, 서원의 핵심 기능인 선현을 제향하고, 지방 교육 사업을 국가가 적극적으로 권장하고 인정한다는 역사적 의미가 있다.

지도문

교화는 시급한 것이고, 이는 어진 이를 존경하는 일로부터 시작되어야 하므로
안향의 심성론과 '경' 사상을 수용코자 그를 받들어 모시는 사당을 세웠고,
유생들의 수양을 위하여 서원을 세웠다.

《주세붕》

강학당

학문을 강론하던 건물로, 이 강당에서 길러낸 원생은 처음 10명 정도로 시작하여 사액을 받은 후에는 4천여 명에 달했다고 하겠다. 조선 선조 때 대학자 학봉 김성일, 약포 정탁 선생도 여기 출신이고, 대부분 퇴계 이황 선생의 문하생이 망라되어 있던 유서 깊은 서원이다. 백운동서원이 국가 공인을 받고 널리 알려지게 된 것은 훗날 명종 때 풍기군수로 부임한 퇴계 이황 선생의 노력이 있었다. 서원에 대한 정책적 지원을 요청한 퇴계의 글을 받아본 명종은 서원의 이름을 '무너진 유학, 성리학을 부활시킨다.'라는 뜻을 담아 '소수서원'으로 새로 지어 직접 쓴 현판(사액)을 하사했다. 최초의 이름 백운동은 송나라 주희의 '백록동서원'에서 따온 것이다.

· · 설레는 유적여행 · ·

직방재 · 일신재 선생님들이 지내던 건물이다.

학구재 · 지락재

원생들이 학문을 닦고 생활하던 기숙사 공간으로, 소수서원은 모든 건물의 높이가 서로 다른 것이 특이하다. 스승과 선·후배가 기거하는 건물의 차이를 나타내는, 유학의 정신을 담은 건물의 특징을 엿볼 수 있다.

문성공묘

　서원 설립자인 안향 선생의 제향 공간으로서 조선의 모든 서원에는 '성현에게 제사를 지내면서 자신의 심신을 돌아보라'는 의미로 제향 공간이 마련되어 있다. 문성공묘는 안향 선생의 시호인 '문성공'을 빌어온 것이다. 무인이 받는 최고의 시호가 '충무공'이라면, 문인이 받는 최고의 시호는 '문성공'이다. 안향과 더불어 주세붕 선생의 위패도 함께 봉안하고 있다. 역사적·건축학적으로 그 가치를 인정받아 국가유산으로 지정되었다.

영정각

　성리학 성현들의 영정을 모신 곳으로 유일하게 소수서원에만 있는 건물이 되겠다. 주희·안향·주세붕 등 성현들의 영정이 모셔져 있다.

　• • 설레는 유적여행 • •

겸렴정

　원생들이 시를 짓고 학문을 토론하던 서원 입구에 세워진 정자가 되겠다. 정자의 이름은 주희보다 앞선 북송의 성리학자 '염계 주돈이를 경모한다.'라는 뜻으로 그의 호에서 따왔다.

제자들이여 학문에 열중하여 심신을 통일하고 집중하라!
소수서원 죽계천 취한대와 '敬' 자 바위

　서원 동쪽으로 소백산에서 흐르는 죽계천 건너편에 선비들이 심성을 닦을 때 강조하는 '경(敬)' 자가 새겨진 바위가 있다. 거기에 새겨진 '敬' 자는 주세붕 선생이 백운동서원을 창건하고 쓴 글씨다. '敬'은 몸과 마음을 바로 한다는 의미다. 이후에도 '敬'은 성리학에서 마음가짐을 바르게 하는 수양론의 핵심으로, 선비들의 강력한 지침이 되었다. 퇴계 이황 선생은 풍기군수로 있을 당시 이곳을 '취한대'라고 이름 지었고, 또 '경' 자 위에 '백운동'을 새겨넣어 풍류를 즐겼다고 전해진다.

취한대

'경(敬)' 자 바위

•• 설레는 유적여행 ••

삶의 화두

복잡하고 야박한 세상을 산다는 것이 늘 여의찮겠습니다. 안팎의 일상이 해결은 안 되고 울분만 차곡차곡 쌓여서 한계에 달하면, 마침내 나의 가장 약한 고리를 찢고 분출하게 되지요.

그 약한 고리란 가장 가까운 관계에 있는 사람들이고 본의 아니게 상처를 주고받으면서 괴로움의 고통에 빠지겠습니다. 세상이 나를 위해서 성찰할 리는 없으니 스스로 해결책을 찾아 나설 수밖에 없지요. 그러려면 먼저 나의 관점과 시점을 살펴보아야겠습니다.

"어디에 서서 어떻게 바라보고, 어디에 마음의 닻을 내릴 것인가?"

눈앞의 현실은 끝없이 변하고 있는데, 매번 같은 곳에 서서 같은 곳에만 닻을 내리는 어리석음을 반복한다면, 반드시 크고 작은 번뇌가 찾아들 수밖에 없지요. 일상에서 살펴보고 넘어서야 할 것은 너무도 많으니, 최선의 해결책은 역설적으로 어떤 관점이나 시점도 가지지 않는 것이 되겠습니다.

감이 안 잡히는 이야기 같지만, 영원한 것은 존재하지 않고 '나'라는 실체조차도 없다는 것은, 변함없는 나의 생각이 되겠습니다.

깨어 있어서, '나'조차도 실체가 없는 존재임을 알고 삶의 번뇌로 인한 고통에서 벗어난다는 것.

생이 문을 닫는 날까지 화두지요.

인생 여행

모든 사람에게는 자신만의 독특한 성향이 있습니다. 이런 성향이 사건을 만나서 구체화될 때가 있지요. 이를테면 나의 성향 중에는 흔히 말하는 역마살이 있겠습니다. 물론 장돌뱅이 같은 것은 아니고, 그저 가보지 않은 길에 대한 동경 정도라고 하겠지요.

이것이 삶에 구체화된 사건 중 하나가 '코로나19' 바이러스가 창궐하여 세상이 잠시 멈춘 시기가 되겠습니다. 학창 시절 교과서나 TV로 보았던 전국의 비경·역사 유적·힐링 명소 등, 어떤 의미든 도시의 사람 숲을 떠나 자연의 아름다움과 선현들의 희로애락이 스며있는 곳을 찾아보는 시간이었지요.

전국의 고속도로와 국도, 산길을 누비며 다녔는데, 11회 정도의 전국 일주, 약 100일 동안 우리의 땅과 하늘, 선현들이 남긴 유적과 그들의 향기에 스며들었습니다. 서해·남해·동해·조선 왕릉·서원·사찰·암자·누정·박물관·땅끝마을·강원도 고성·마라도까지. 이렇게 해서 잠재해 있던 나의 성향이 눈을 뜨게 되었지요. 물론 시간과 체력의 한계 때문에 조금은 게으른 자동차 위주의 여행 정도였지만 충분히 가치 있는 일이 되었다고 하겠습니다.

여행은 목적을 잠시 잊고, 영혼이 잠시 쉬어간다는 점에서 중요한 의미를 담고 있지요. 어떻게 보면 60년을 사는 동안 길을 잃고, 길을 찾아다니는 것 같은데 나이가 들면서는 길만 길이 아니고, 직면하는 모든 것이 새롭고 낯선 길이라는 생각이 들겠습니다. 좀 더 자유롭다면 언제든 목적지를 정하지 않고 맘껏 달린 후, 낯선 곳에서 풍광 하나 주워 담고 미련 없이 돌아오는 것도 호사일 수 있지요.

우리의 삶이 이와 다르지 않겠습니다.

·· 설레는 유적여행 ··

자신의 배를 띄우라

낡고 하찮은 배 한 척도 그 목적은 항구에 묶여 있는 것이 아니라 거친 파도를 타고 넘는 항해가 목적이겠습니다. 하지만 아무리 목적을 위해 애를 써도 바닷물이 없다면 배가 뜰 수는 없지요. 바닷물은 배를 띄워서 항해를 도울 수 있지만, 반대로 배를 뒤집어 버릴 수도 있는 양면성이 있습니다. 우리도 이런저런 목적이나 희망을 품고 살아가지요. 여기에는 바닷물과 같은 에너지원도 있지만, 수많은 도전과 시련을 타고 넘어야 할 숙제도 많겠습니다.

어느 철학자의 말처럼 우리는 노력하는 만큼 방황할 수밖에 없는 존재들인지도 모르지요. 삶에 속고, 세상에 지치다 보면 혹시라도 신이 구원해 줄 수 있을 것이라는 바람도 하겠습니다. 마치 액션 영화의 마지막 장면에서 해피엔딩과 같은 멋진 반전을 기대하듯, 우리가 결과만을 위해 살아가는 존재들은 아니겠지요. 화장실에 가기 위해 밥을 먹고, 돈을 벌기 위해 공부하는 것이 목적이 아니듯 모든 희로애락이 배움이고, 사랑이고, 인생이기에 살아가는 하루하루가 의미 있는 감동스토리가 되겠습니다.

"부패할 것인가, 발효될 것인가?"

삶은 선택의 연속이고, 지혜로운 선택으로 괴로움이 없는 자유롭고 행복한 삶을 만들어야 하지요. 지금 냉큼 항구에 묶여 있는 자신의 배를 띄워서 멋진 인생의 바다로 힘차게 나아가길 응원하겠습니다.

함양 남계서원

  남계서원은 조선시대 두 번째로 세워진 서원이다. 일두 정여창 선생의 학덕을 기리고 추모하기 위해 고을 유생들에 의해 명종 때 건립된 서원이다. 일두 정여창 선생은 일찍이 아버지를 여의고 독학에 힘쓰다가 김굉필 선생과 함께 김종직 선생의 문하에서 공부했다. 『논어』에 밝았고 성종 때 사마시에 합격하여 진사가 되었다. 무오사화 때 유배되어 죽은 뒤, 갑자사화 때 부관참시 되었다. 훗날 중종 때 우의정에 증직되었고, 광해군 때 문묘에 배향됨으로써 문묘에 종사된 해동 18현 중의 한 사람이다. 남계서원은 두 번째 사액서원이 되었고, 선현 배향과 지방 교육의 일익을 담당하였다.

풍영루

  서원 출입 누각인 풍영루가 남다르다. 『논어』의 '기수에서 목욕하고 무우에서 바람을 쐬이고 노래하며 돌아오겠다.'라는 의미를 바로 여기서 느낄 수 있다고 하여 이름 지었다. '기수'와 '무우'는 춘추시대의 전설 속에 나오는 곳이다. 1층은 문, 2층에는 유생들이 공부하거나 손님이 오면 학문을 토론할 수 있는 누각이 자리 잡고 있어 운치를 더한다.

설레는 유적여행

명성당

　서원의 중심 건물로 교육 공간인 강학당이다. 명성당의 이름은 『중용』의 '밝아지면 정성스러워진다.'에서 따왔다. 가운데 빈 공간은 유생들이 공부하던 곳이고 양쪽 방은 스승들이 사용하던 곳이다. '남계'란 서원 곁에 흐르는 시내 이름을 따온 것이다.

양정재

　선배 원생들이 거처하며 공부하던 곳으로 역경의 '교육을 하며 사람을 바르게 기르는 것은 성인의 공덕이다.'라는 구절을 따온 이름이다.

경판고

장판각이라고도 하며 서원의 책이나 판각 등을 보관하는 건물이다. 유생들을 교육한 『어정오경』 등의 책이 보관되어 있었으나 현재는 박물관에 옮겨 보관하고 있다.

고직사

제사와 유생들 뒷바라지 등 전반적인 서원 업무 등을 지원하는 공간으로 일두 정여창 선생 등의 위패가 모셔진 사당이다. 가파른 돌계단을 올라가야만 닿을 수 있다.

설레는 유적여행

남계서원의 큰 의미

　남계서원이 세계문화유산으로 등재된 특별한 이유는 서원 건축물 배치의 전형인 앞쪽에는 교육, 뒤쪽으로 제사를 지내는 제향 공간이 있는 구조로 건립된 점이다. 이것은 다른 서원을 건립할 때 남계서원을 따랐을 만큼 서원의 표준모델 역할을 한 곳이기도 하다. 입구인 풍영루부터 강학 공간인 명성당과 제사를 지내는 사당까지 경사를 자연스럽게 이용해 건물을 배치해 놓았다. 특히 성리학의 대가이자 동방오현의 한 사람인 일두 정여창 선생의 학덕을 기리는 공간이기도 하고, 소수서원이 고려시대 명현인 안향 선생 등을 모시는 공간이라면, 남계서원은 조선시대 명현을 가장 먼저 모신 서원이라는 데 큰 의미가 있겠다.

유연한 사람

습관은 들이기는 쉬워도 바꾸기는 어렵습니다. 세상은 혁신을 외쳐대지만, 우리는 살던 대로 살려는 관성이 있기 때문이지요.

어떤 습관이든 좋고 나쁨은 무시되고, 최선을 묻지 않는 속성이 있겠습니다. 그저 삶에 소진되는 힘을 최대한 절약하려는 경향이 있기 때문이지요. 그래서 습관이 지혜롭기는 어렵겠습니다.

소득이 줄고, 물가가 올라도 소비 성향의 습관은 쉽게 변하지 않고, 저축을 줄이거나 땡빚을 내서라도 소비 성향을 유지하려 하지요. 뒷감당은 그다음이 되겠습니다. 이것은 경제만이 아니라 삶의 모든 면에서 나타나는 습관의 특성이지요.

습관의 핵심은 각자의 사고방식이고, 사고방식은 정체성도 품고 있기 때문에 더욱 고집스럽겠습니다. 나는 만족스러울지 몰라도 다른 사람들에게는 답답하고 공격적일 수 있지요. 그렇다고 내 소신이 잘못됐다는 의미는 아니지만, 스스로 답답하다고 느낄 땐 이미 습관에 사로잡힌 후가 되겠습니다.

내 맘대로 사용하고 버릴 수 없는 것은 진정 내 것이라고 할 수 없으니, 사고방식을 마음대로 할 수 있는 사람만이 진정한 자유인이라 할 수 있지요. 따라서 유연한 사람이란 자신의 사고방식을 잘 조절하고 있는 사람을 의미하겠습니다.

역경은 문제가 아니다

가끔 겪게 되는 큰 문제들을 이겨내기 힘들다고 하는 사람들이 많이 있 겠습니다. 그것은 자기 생각이 스스로 장애를 쌓는 어리석음이고, 결국은 뜻대로 안 될 것이라는 자책만이 남게 되지요.

하지만 꼭 성취하고 싶고, 소유하고 싶은 것이 인간의 욕망이라는 그림자 가 되겠습니다. 나를 가로막는 어리석음과 자신을 믿지 못하는 의심, 자기 반성 없이 괴로움만 쌓는 욕망과 분노가 삶을 망치는 근원이지요.

뜻이 지나치면 마가 끼는 법이고, 뜻이 미약하면 흔적도 없이 흩어져 버리 리는 것이 세상살이의 이치라고 하겠습니다. 담담하게 그러나 끊임없이 바 라보는 곳으로 묵묵히 가는 것이 첩경이라면 첩경이지요.

숲속을 걸어 나와 보니 비로소 내 옷이 젖었음을 알게 되는, 그런 산책 같은 삶이라면 웬만한 역경은 문제가 되지 않겠습니다.

경주 옥산서원

　영남학파의 정신적 지주인 회재 이언적 선생의 학덕을 기리기 위해 설립한 서원이다. 도산서원과 함께 영남 남인의 정신적 본산이며, 서원 건축의 대표 양식을 보여준다는 데 가치가 크다. 2010년에 경주 양동마을의 일부로 세계문화유산에 함께 등재되었고, 2019년에는 한국의 서원 중 하나로도 등재되어 세계문화유산 2관왕이 된 곳이다. 이 서원에 배향한 이언적 선생의 고택인 무첨당과 가문인 여강이씨의 본가가 양동마을에 있다는 관련성 때문이었다. 이언적 선생은 조선의 성리학자이자 정치가로 의정부 좌찬성 등을 지냈다. 명종 때 '양재역 벽서 사건'으로 탄핵을 받고 함경도에 유배되어, 1553년에 병으로 사망했다. 유학자로서 최고의 영예인 문묘 종사와 조선왕조 최고 정치가의 영예인 종묘 배향을 동시에 이룬 6현 중 한 명이다. 퇴계 이황 선생은 그를 현인이라 불렀고, 정신적 스승으로서 학통을 계승했다. 영남 사림들도 자신들의 학문적 연대를 김종직-손중돈-이언적-이황으로 연결하여 사상적인 뿌리로 삼기도 했다. 그로써 회재 이언적 선생은 영남학파의 창시자가 되었다.

'배우고 익히면 즐겁지 아니한가'

역락문 서원의 출입문으로 『논어』의 구절에서 따온 이름이다.

설레는 유적여행

무변루

'학문에는 끝이 없다.'

무변루는 서원의 출입문으로 역락문을 들어서면 나오는 누각이며 통나무를 깎아 만든 계단이 특이하다. 공부하던 유생들의 휴식 공간이기도 하겠다.

강학당인 구인당에서 바라본 무변루

중국 송나라 유교 사상가 주돈이의 『풍월무변』을 따서 '무변루'라고 하였다. 서원 마당 좌우에는 공부하는 유생들이 생활하고 독서하던 동재와 서재가 마주하는데 동재(좌) 건물에는 선배 유생, 서재(우) 건물에는 후배 유생들이 거처했다.

구인당

수업과 토론이 열렸던 서원의 중심 건물인 강학당이다. 마루 양쪽의 양진재(왼쪽)와 해립재(오른쪽)는 교사들이 지내는 곳으로 지금 학교의 교무실에 해당한다. 구인당 정면에 걸려 있는 옥산서원 현판 글씨는 추사 김정희 선생이 제주도로 유배되기 직전에 쓴 글씨라고 전해진다.

체인묘

설레는 유적여행

회재 이언적 선생을 제향하는 사당이다. 사당은 신성한 공간이므로 추가로 담장을 둘렀고, 보통 서원에서 제향을 하는 사당에는 사(祀)자를 쓰는데 여기는 이언적 선생을 높게 쳐서, 왕에 버금가는 정도로 좀 더 격이 높은 경우에 사용하는 글자인 묘(廟)를 쓴 것이 특징이다.

세심대

'떨어지는 물로 몸과 마음을 씻고
자연을 벗 삼아 학문을 구하라!'

서원 앞으로 흐르는 자계천과 세심대이다. '세심대'라는 이름은 이언적 선생이 붙였고, 바위의 글씨는 퇴계 이황 선생이 썼다. 자연 풍광을 벗 삼아 학문을 갈고닦는 성리학의 전통이 서린 서원의 참모습을 완벽하게 담았다.

자계천

무위

만물은 변천하여 정해진 모양이 없으니
이 한 몸 한적하여 스스로 때를 따르네
근래 점점 작위의 힘이 줄어드니
오래 청산을 대하고도 시를 짓지 못하네.
《회재 이언적》

설레는 유적여행

집을 짓는 자 그곳이 무덤이 된다

　몽골제국을 건설한 칭기즈칸은 유연하고, 수용적인 국가 정책을 펴겠습니다. 문자를 제정하고, 법치를 확립하고, 신부 될 사람을 다른 부족으로부터 빼앗아 오는 악습 같은 것을 금지한 것이 좋은 사례이지요. 또 종교의 자유를 허용하는 등의 민족 간의 서로 다름을 받아들이는 정책을 폄으로써 제국을 찬란하게 꽃피우겠습니다.

　그의 정책은, 오래 가려면 유연하고 끈질겨야 하고 꼭 필요하다면 받아들여서 자신의 역량으로 만드는 것이었지요.

　문제는 기술보다는 사고방식이 걸림돌이 되는 경우가 많았다는 것입니다.

　상투에 양복을 입은 것처럼, '눈 가리고 아웅'하는 형태는 반드시 실패하게 된다는 이치를 따른 것이지요.

　그것을 인간의 몸으로 본다면 미토콘드리아로 세포가 강해졌고, 단세포에서 다세포로 진화되면서 생존력이 상승했을 뿐만 아니라 개인이 집단을 형성하면서 지배자의 위치로 오르는 이치가 되겠습니다. 무쇠보다 강철이 좋은 것은 충격에 강하기 때문인데, 강하고 단단해서가 아니라 질기고 유연해서 그렇지요. 따라서 끈질기고 유연하게 포용하는 것이, 지혜로운 삶의 선택이 되겠습니다.

　'집을 짓는 자 그곳이 무덤이 된다.'는 몽골 유목민의 잠언은 되새겨 볼 가치가 있지요.

사랑은 살려내는 것

"가급적 뇌 MRI 촬영은 하지 마세요." 병원에서 뇌 검진을 받은 지인의 말이 되겠습니다. 나도 C·T 촬영 같은 것은 몇 번 해봤는데, 밀폐된 공간의 경험이 사람에 따라서는 불편하고 불안하게 느껴질 수 있겠다는 생각이 들었지요.

그런데 어떤 사람들은 남편이나 아내, 사랑하는 사람이 손을 꼭 잡아주면 불안감이 한결 내려간다고도 하겠습니다.

또 채광이 좋은 병실의 환자들은 통증도 덜하고 진통제 복용량도 줄어든다는 임상 결과도 있지요. 운동을 통해서도 스트레스 수준을 가리키는 지표들이 내려간다는 것은 익히 잘 알려져 있겠습니다.

"마음의 안정과 불안은 결국, 빛과 열의 문제 아니겠나?"
생명은 밝고 따뜻한 상태를 원한다는 뜻이지요.
현대인의 필수 지병인 불안과 우울은, 더 많은 밝음과 따뜻함을 육체적, 심리적으로 필요로 한다는 의미라고 하겠습니다.
사랑이 있으면 원도 한도 없는 삶을 살 수 있겠고, 사랑이 부족하다고 생각되면 내가 먼저 충분한 사랑을 흘려보내면 될 일이지요.

사랑은 시작점이 중요하지 않기 때문이겠습니다.
사랑은 살려내는 것이니 나부터 할 수 있고, 또 하면 그뿐이지요.
내가 할 수 있다는 것이 기쁨이고, 구원의 손길이라고 하겠습니다.

정신문화의 성지에서 담은 퇴계 이황의 숨결

안동 도산서원

도산서원은 사림의 온실이고 영남학파의 산실이며 퇴계 이황 선생의 학덕을 기리고 제향하기 위해 설립한 사액 서원이다.

왕 버들

강변에 드리운 버들 깨끗하다 그 풍도
도연명 소강절이 알아주고 좋아했으니
나 또한 아득히 사모하는 마음 일으키네
무궁한 조화의 봄 바로 풍류 있는 나무로세
도연명 소강절 천고의 두 늙은이
길게 읊으며 몇 번이나 흥겨워했던고.
《퇴계 이황》

상고직사

    서당 영역에서의 고직사와 구분하기 위해 서원의 고직사를 '상고직사'라고 하며, 서원의 관리와 식사 준비를 위해 지어진 건물로 노비들이 거처하던 곳인데 일반 살림집의 형태와 큰 차이가 없겠다.

광명당

'많은 책이 서광을 비추어 준다.'

문집과 책을 보관하고 있는 도서관 기능과 전망대 역할을 하는 누각이다.

설레는 유적여행

전교당

　서원의 중심 건물로, 유생들의 자기 수양과 교육을 하기 위한 강학당이다. 측면 동재와 서재는 유생들의 기숙사이면서 공부방이 되겠다. 전교당은 선조 때 지었고, 팔작지붕과 온돌방·대청마루로 이루어져 있겠다. 현판은 선조가 내려준 것으로, 글씨는 조선 최고의 명필 석봉 한호(한석봉)가 선조 임금 앞에서 직접 썼다고 전해진다.

도산서당

서원에서 가장 오래된 건물로 퇴계 이황 선생이 직접 설계하여 짓고, 거처하면서 제자들을 가르쳤던 곳이다. 마당의 연꽃 방지를 선생은 '정우당'이라 불렀고, '깨끗한 벗이 있는 연못'이라는 의미를 담았다. 연꽃은 진흙 속에서 피는 꽃이지만 더럽혀지지 않고 깨끗한 꽃을 피운다는 뜻에서 절의를 지키는 선비의 모습에 비견되겠다.

도산서당

순임금 친히 질그릇 구우며 즐겁고 편안했고
도연명 몸소 농사지으며 얼굴에 기쁨 넘쳤네
성인과 현인의 생각을 내 어찌 알겠는가만
흰머리 되어 돌아와 은거하여 보네.
《퇴계 이황》

· · 설레는 유적여행 · ·

상덕사

　퇴계 이황 선생과 그의 제자인 월천 선생의 위패를 모셔 놓은 보물로 지
정된 사당이다. 일반적으로 사당 건물은 근엄한 맞배지붕인데 도산서원의
사당은 팔작지붕으로 되어 있어 특이하다. 월천은 퇴계 선생 곁에서 오로
지 학문에 전념하였고 선생께서 돌아가신 이후에는 스승을 대신하여 서원
에서 제자들을 훈육하였고, 특히 청렴 강직함이 돋보인 선비였다.

　퇴계 이황 선생은 수없이 관직을 사양하고 낙향하였는데, 훗날 선생을
존경한 정조가 특별히 도산서원에 있는 소나무 숲에서 과거시험을 치러서
영남의 인재를 선발케 하는 특혜를 주었다. 이를 기려 단을 마련하고 기념
비를 세운 전각이 시사단이다. 댐 건설로 숲은 사라지고 육지의 섬이 되었
다.

시사단

흘러가는 대로 흐르는 삶

많은 생각이 부담을 넘어 고통이 될 경우가 있겠습니다.

특히 생각이 부정적이고 빼딱하면 그런 생각에서 벗어나고 싶어도 직면하면 쉽지가 않지요. 생각은 나를 구속하는 힘이 의외로 크다는 반증이 되겠습니다. 그래서 어떻게 든 생각하지 않으려 하고, 아예 아무 생각 없는 상태를 만들려고 애를 써보기도 하지요.

이때는 호흡·집중·멍때리기·명상 같은 것이 도움은 되겠으나 다른 곳으로 근심 걱정을 돌려도 근심은 다시 밀려온다는 말처럼 임시방편일 뿐이겠습니다.

"세상이 돌고 도는데 멈춰 있는 것이 어찌 움직이는 것을 막을 수 있겠나?"

가끔 차오르는 감정을 가라앉혀서 깊이 생각하거나 몰입하는 것을 즐겨하지만, 이 또한 잠시 휴식에 불과하지요.

바람을 나무가 붙잡지 않아서 숲이 평화로운 바람 소리를 낼 수 있는 것이고, 피리가 바람을 붙잡지 않아서 좋은 악기가 될 수 있듯이, 바람은 가두는 것이 아니라 흐르는 대로 놓아주는 것이 지혜라고 하겠습니다.

무엇이든 잡아 가두어진 것들은 삭을 수밖에 없고, 내 의도와 다르게 흘러갈 수밖에 없지요. 흘러가는 대로 흐르는 하루하루가 좋은 삶이 되겠습니다.

•• 설레는 유적여행 *••*

감정 불안

추우면 입고, 더우면 벗고, 배가 고프면 먹고, 배가 차면 멈추고, 재밌으면 가까이 가고, 위험하면 피하게 되는 것은 인간의 원초적인 능력이 되겠습니다. 하지만 감정 불안 때문에 이런 자연스러운 행동이 무너질 때가 많지요. 불면증에 시달리기도 하고, 나를 보호해야 할 순간에 적절하게 행동하지 못하면서 얼어붙기 일쑤겠습니다.

감정이란 것이 울고 웃는 것인데 눈물과 웃음이 없다면 문제가 심각한 것이지요. 이런 정서에 문제가 생기면 몸도 무너질 수밖에 없겠습니다. 만약 문제를 덮어버리고 문제가 없다고 하거나, 그냥 다른 문제로 취급해 버리면 진실과 만날 시간만 늘어질 뿐이고, 그 사이에 문제는 만성을 넘어, 악성이 되어버리기 십상이지요.

문제를 직면하는 것, 그것 때문에 힘든 현실을 받아들이는 것, 가까이 가보기도 하고 멀리 피하기도 하면서 반복적으로 연습하는 것이 실마리를 풀 수 있는 지혜가 되겠습니다.

반면, 마음이 혼란스럽다고 꼭 나쁘지만은 않겠는데, 불면이 고통만 주는 것이 아니라 나름 깨우침도 줄 수 있지요.

"그게 왜 나에게 문제가 됐나. 나는 왜 벗어날 생각을 못 했나?"

문제에 빠졌다가 현명하게 헤쳐 나오면, 마음 근육이 더 단단해지고 삶에도 상당한 질서가 생길 수 있겠습니다.

장성 필암서원

성리학자 하서 김인후 선생의 학문과 덕행을 기리고 추모하기 위해서 세워진 사액 서원이다. 학문으로는 장성만 한 곳이 없다는 말이 있고, 유림의 고장으로 경상도는 안동을 말하듯이 전라도는 장성을 일컫는다. 또 장성에서는 글 자랑하지 말라는 말이 있는데, 장성은 학문의 중심 고장으로 널리 알려져 있겠다. 하서 김인후 선생의 사위이며 담양 소쇄원을 지은 양산보 선생의 아들인 양자징 선생도 함께 배향되어 있다. 서원에는 역대 원장·강의를 한 사람·강의에 참석한 사람·소속 유생·재산을 기록한 문서들이 남아있어 서원의 운영과 당시 선비교육과 제도 등을 연구하는 데 귀한 자료가 되고 있다. 하서 김인후 선생은 조선의 사림정치가 본격화되던 중종과 명종 때 장성 출신의 사림으로서 명성을 얻었다. 정조 때는 호남인으로서는 유일하게 문묘에 종향된, 호남의 대표 성리학자이다. 시문학에 탁월하였고, 『주리론』에 기반한 성리학적 소양이 탁월하였으나 을사사화 때 벼슬을 내려놓고 은거하였다.

확연루

설레는 유적여행

'마음이 맑고 깨끗하여 확연하며 크게 공평무사하다.'

서원을 출입하는 문루로, 2층은 원생들의 휴식 공간이다. 오른쪽 문으로 들어가고 왼쪽 문으로 나온다. 우암 송시열 선생이 김인후 선생을 위해 지었고, 편액 글씨도 우암 선생이 썼다.

청절당

청절당의 후면이 막혀 있는 것은 사생활 보호와 청절당에 예를 다한다는 의미이다.

청절당은 가르치고 배우는 강학당이다. 하서 김인후 선생의 높은 절의를 이어받는다는 의미를 담아 조선 후기 학자 동춘당 송준길이 썼다. 좌·우편 방은 선생님들이 머무는 교

무실 역할을 했고, 마루는 보름에 한 번 정도 원생들의 공부를 점검하고 학문을 토론하던 곳이 되겠다. '필암서원' 현판은 조선 후기 성리학자 병계 윤봉구 선생이 썼고, '필암'은 김인후 선생의 고향에 있는 붓처럼 생긴 바위 이름을 따온 것이다.

진덕재 · 숭의재

원생들이 생활하고 독서하는 공간이다. 건물 이름은 "오직 덕에 나아가고 업을 닦는 것을 일로 삼되, 항상 자신을 잊고 국가에 봉사할 뜻을 가졌다."라는 뜻을 담은 것으로 선생의 인품을 좇아 공부하는 공간임을 의미하겠다.

경장각

다른 서원에서는 볼 수 없는 인종 임금이 김인후 선생의 제자로 있을 때, 선생의 학문과 덕행이 지극하여 내려준 '어제묵죽' 그림을 보관하고 있는

•• *설레는* 유적여행 ••

특별한 건물이다. '어제묵죽'은 임금이 먹으로 직접 그린 대나무 그림이 되겠다. 현판은 정조 임금이 직접 써서 하사했다.

우동사

제향 공간인 우동사는 하서 김인후 선생의 위폐와 그의 사위인 양자징 선생이 함께 배향되어 있는 사당이다.

제사에 쓸 가축을 매어 놓고 검사하는 비이다. 뒷면에 서원의 건립 취지·연혁·모셔진 인물 등을 기록하고 있는데 '묘정비(서원비)'라고도 부른다.

계생비 · 묘정비

동방에는 그 출처가 없더니 오직 담재옹 한 분 있었네
매년 칠월 초하루가 돌아오면 온 산에 통곡소리 가득했네.
《송강 정철》

* 벼슬을 하고 때가 되면 물러나는 사람이 없는데 오직 하서 김인후 한 분 있었고, 김인후 선생에게 학문을 배웠던 인종 임금이 7월에 서거해서, 해마다 칠월 초하루가 되면 김인후 선생이 슬퍼서 통곡했다는 구절이 되겠다.

인생 배낭

살아간다는 것은 중력이라는 힘과 맞서서 다투는 일이라고도 하겠습니다. 이런 점에서 무거운 배낭을 짊어지고 높은 산을 오르는 것으로 비유되기도 하지요.

배낭에는 물·비상약·간식·추위에 대비한 옷 정도가 들어가겠습니다. 이때 꼭 필요한 것을 필요한 만큼만 넣어 가는 것이 지혜이지요.

인생 배낭에도 내 생각·내습관·내 소유물들이 들어가겠습니다.
이 역시 넘치지도 모자라지도 않게 꾸린 배낭이 행복한 삶을 가능하게 하지요.

나에게 굳이 택하라면 조금 모자란 듯이 싸는 짐이 좋은 짐이라고 생각하는데, 중력이란 나를 짓누르는 힘이 한 치의 오차 없이 계산서를 들이밀기 때문이겠습니다. 결국, 내가 느끼는 삶의 무게는 내가 배낭에 넣은 ego 만큼의 무게가 되는 것이지요.

중력이란 놈은 야박하고도 정확한 저울이라고 하겠습니다.

삶은 아무것도 아니다

청춘 때는 온몸으로 나를 돋보이게 해보려는 생각이 많았습니다.

하지만 중년쯤부터는 몸에 문제가 생겨서 걱정이 많다 보니 그쪽으로는 안 되겠다는 생각으로 내려놓기 시작했지요. 오십 줄에 들어서는 나보다 재산이 많거나 외모가 잘생긴 것은 참을 수 있어도, 지적으로 뒤처지는 것은 참을 수 없다며 독서와 글쓰기 같은 문학적 지식을 추구하겠습니다.

그러나 그런 건 모두 남의 생각이고, 내 생각이라 해도 그다지 가치 있는 생각은 아님을 깨닫게 되었지요. 그렇다 보니 내 생각과 관점 자체가 심드렁해져서 그것으로 나를 빛나게 하겠다는 생각도 흐려졌습니다. 돈을 많이 벌어서 빛나 보려는 생각은 능력 부족을 알기에 애초에 하지 않았으니, 그건 잘한 일이라는 생각도 들지요.

몸이나 생각, 부를 통해서 남보다 우뚝 서보려는 욕망과 시도를 삶은 친절하게도 먼지가 되도록 무참히 부셔주었고, 이런 삶은 나에게 깨달음을 주겠습니다.

"나와 관련된 어떤 것도 내가 원하는 대로 되지 않는다. 삶은 굳이 어떤 욕심을 가지지 않아도 된다."

삶은 내가 어떻게 할 수 있는 것이 아니라는 진리를 알게 되면 이전보다 마음이 훨씬 편해지는 바가 있지요.

인생이라는 여행에서는 남보다 돋보이게 하고 싶은 욕망 따위는 필요치 않다는 것을 아는 것이 참으로 중요한 일이 되겠습니다.

"혹시 뭔가를 놓치고 살고는 있지 않나?" 하는 걱정들이 점차 희미해지지요. 이런 성찰을 통해, 그저 삶은 아무것도 아니라는 가벼움과 자유로움을 맛볼 수 있겠습니다.

달성 도동서원

한훤당 김굉필 선생의 학덕을 기리기 위해 설립한 사액 서원이다. 고려 때 안향 선생에 의해 전해진 성리학은 정몽주와 김종직을 거쳐 김굉필에 의해 조선 도학으로 정립된다. 도동은 '성리학의 도가 동쪽으로 왔다.'라는 의미를 담은 서원으로 담장이 보물로 지정된 곳이기도 하다. 김굉필 선생은 무오사화·갑자사화에서 죽임을 당한 유학사의 중요한 인물이다. 학문적으로는 정몽주에서 김종직으로 이어지는 유학의 정통을 계승하였고, 그의 제자인 조광조·이언적·이황으로 이어졌다. 선생은 동국 5현의 한 사람으로 문묘에 배향될 때 가장 앞서 자리한 인물이기도 하다.

수월루

유생들의 휴식 공간이자 서원 출입문이다. 말 그대로 '찬 강물을 비추는 밝은 달'을 뜻하듯, 누각 위에 오르면 낙동강과 어우러진 서원 주변의 풍광이 수려하다.

중정당

서원 마당에 들어서면 양쪽으로 유생들이 생활하던 거인재와 거의재가 있고, 넓은 중정당이 가운데 자리하고 있다. 중정당은 '음과 양이 조금도 지나치거나 모자람이 없이 조화를 이룬

다.'라는 중용의 의미를 담은 강학당이다. 높은 기단에 이용된 크고 작은 자연석을 퍼즐 맞추듯 쌓아놓은 건축 기법은 강학당의 아름다움과 위용을 더 높이는 선현의 지혜를 드러낸다. 서원을 찬찬히 살피면 소소하면서도 섬세한 공간이 마법처럼 펼쳐진다. 지루한 강학 공간에 보물처럼 숨겨진 장치를 하나하나 찾다 보면 서원 건축의 백미와 선현들의 깊은 마음까지 엿볼 수 있겠다. 도동서원의 현판은 한석봉이 썼다.

거인재 유생들이 생활하고 독서하는 공간이다. **거의재**

사당

한훤당 김굉필과 한강 정구 선생의 위패를 모시고 제향하는 사당이다.

도동서원 담장

한국 서원에서 유일하게 담장이 보물로 지정되었다. 자연석과 진흙으로 메워, 수막새를 엇갈리게 놓고 음양의 조화를 새겨넣어 아름

다움을 극대화했다. 도동서원의 건물들은 서원 중에서 가장 규범적이고 건

설레는 유적여행

축적 완성도와 공간구성이 우수하다고 평가되고 있다.

김굉필 은행나무

서원 앞 450년 된 은행나무는 김굉필 은행나무로 불리고 있는데, 1607년 김굉필 선생의 외증손인 정구 선생이 서원 중건기념으로 심었다고 전해진 다. 서원에 은행나무를 많이 조성한 것은 공자가 제자들을 가르칠 때 은행 나무 밑에서 가르쳤다는 일화에서 유래했다.

> 길가의 소나무
> 한 그루 늙고 푸른 소나무 길가에 서 있어
> 수고롭게 오가는 길손 맞고 보내네
> 찬 겨울에도 너처럼 변치 않는 마음
> 지나가는 사람 중에 몇이나 보았느냐
> 《한훤당 김굉필》

신의 품속

웬만큼 살아보니 삶은 여전히 안전하지 않다는 것을 알겠습니다.

한 치 앞을 예측할 수 없고, 내가 통제할 수 없는 사건들이 시도 때도 없이 생기지요. 그리고 그것들은 소중한 것들을 빼앗아 가기도 하고, 나를 주저앉히고 꺾어버리기도 하겠습니다.

그렇지만 아직 끝난 것은 아니지요. 삶이 호락호락하지는 않지만 살아내기 위한 우리의 생명력도 만만치 않겠습니다.
기필코 다시 일어서서 새 가지를 내고 말지요.

그리고 삶이 점점 더 깊어져서 예측할 수 없는 것은 신비로움이 되고, 통제할 수 없는 것은 축복이 된다는 것을 깨닫게 되겠습니다.

내가 무슨 생각을 하든, 나는 우주 속에 있는 것이고,
우주도 내 속에 있지요.
모두 신의 품속에 있다고 하겠습니다.

공허함 속의 자유

우리는 무엇이든 잘되어야 한다는 강박을 느끼며 살아갑니다. 그래서 저마다 삶의 울타리를 견고히 만들기도 하고, 나보다 더 나은 사람들과 동일시하기도 하지요. 이런 욕심 때문에 노력도 많이 하겠습니다. 어쨌든 가만히 앉아서 시간을 흘려보낼 수는 없고, 어떻게든 잘해서 세상의 일부를 차지해야 한다고 생각하며 치열하게 살아가지요. 큰 영광을 보려는 사람도 있겠지만, 더 험한 꼴을 안 보려고 무한경쟁에 뛰어들 수밖에 없다는 각오로 살겠습니다.

나를 안전하게 하는 힘을 원하는 것이 당연한 것 같지만, 그 이면에는 "이대로는 난 아무것도 아니다."라는 자기 평가가 있지요. 하지만 누구든 원래 아무것도 아니었고 세월이 흘러도 아무것도 아니겠습니다. 삶은 시작과 끝이 이미 정해진 것인데, 찰나의 삶에서 우리는 자기 의심과 자책에서 헤어나지 못하고 '아무것도 아닌 상태'를 견디지 못하는 탓이지요.

반면, 아무것도 아님을 받아들이고, 두 다리 뻗고 사는 사람들도 있겠습니다. 나이 들어서도 별로 이루지 못하고 세월만 빠져나가 버린 것 같은 느낌 앞에서도 괜찮다고 내려놓은 사람들이지요. 그래도 미련이 있다면 방법은 있겠습니다. 그것은 완전히 죽는 것인데, 끝이 나면 새로 시작할 수 있기 때문이지요. 계속 붙잡고 있으면 죽도 밥도 안 되는 것이고, 펼쳐질 새로운 세상이 어떨지는 아무도 모를 일이 되겠습니다. 지금의 기준으로 생각해봤자 사실도 아니고, 똥고집으로 살면 괴로움을 피할 수가 없지요. 별로 이룬 것도 없고, 가진 것이 없는 공허함 속에서도 자유로움을 느낄 수 있는 사람에게는 이 순간이 선물이고 앞으로 일어나는 모든 일은 행복이 될 수도 있겠습니다. 조금씩 자유를 누리면서 살면 될 일이지요.

안동 병산서원

서원 건축의 뛰어남과 서애 류성룡 선생의 충절이 담긴 서원이다. 학문과 삶을 한 몸처럼 실천하는 선비의 삶을 살다 간 서원 속의 발자취는 세속적인 오늘의 삶을 살아가는 우리에게 시사하는 바가 적지 않다. 임진왜란 때 도체찰사였던 서애 류성룡 선생은 권율과 이순신을 등용해 나라를 구한 것으로 잘 알려져 있다. 명나라에 망명하려는 선조를 막아 충효를 목숨처럼 여겼고, 대동법의 시작인 작미법을 시행했으며, 양반들도 병역의무를 지게 하였고, 천민도 공을 세우면 벼슬을 주게 한 것이 좋은 예다. 그가 남긴 『징비록』은 임진왜란 연구에 중요한 자료로 국보가 되었다.

복례문

**'자신의 사사로운 욕심을 버리고
예로써 절제하여 인을 이루라!'**

복례문은 병산서원 출입문으로 논어의 극기복례에서 따온 이름이다. 병산서원의 수려한 배롱나무들은 뜨거운 계절을 식히기에 충분하다.

설레는 유적여행

만대루

병산서원의 자랑·한국 누각의 백미 만대루

　서원 누각이 담아야 하는 기능을 잘 유지하면서 경관을 중요시하는 전통적인 조경 기법을 잘 살려 성리학적 건축관을 온전히 살렸다고 하겠다. 중국의 시인 두보의 시 『백제성루』 중 '푸른 절벽은 오후 늦게 대할 만하다.'라는 구절에서 따온 것이다. 200명을 수용하고도 남을 정도로 우리나라 서원 누각 중 가장 장대하고 화려하다. 유생들의 글 읽는 소리가 서원 건너 병산에 가로막혀 되돌아올 법한 풍광으로 과히 한국 누각의 백미라고 할 수 있다.

서원 내에서 바라본 만대루와 병산

칠 폭 병풍의 그림이 따로 없겠다. 병산서원 앞으로는 글자 그대로 병산이 병풍처럼 두르고 휘돌아 흐르는 낙동강에 발을 담근 서원의 모습이 선비를 닮았다. 병산서원이 아름다운 이유는 주변의 빼어난 자연 풍광을 서원이 고스란히 품고 있기 때문이다.

입교당

'가르침을 바르게 세운다.'

강학과 함께 스승과 제자들이 모여 학습한 내용을 점검하던 서원의 중

설레는 유적여행

심 건물이다. 좌·우측에 원생들이 공부하고 생활하던 동재·서재가 있다.

내삼문

서애 류성룡 선생을 모신 사당 입구 문이고, 왼쪽의 배롱나무는 수령 400년 된 서원의 오래된 보호수가 되겠다. 서원에 배롱나무를 많이 심는 의미는 조상과 선비에 대한 변함없는 사랑을 상징하기 때문이다.

존덕사

서애 류성룡 선생과 셋째 아들의 위패가 모셔져 있고, 제향하는 사당이다.

광영지   입교당 내부

　선비들이 마음을 닦고 학문에 정진할 수 있도록 배려한 작은 정원이라 하겠다. '하늘은 둥글고 땅은 네모나다.'라는 한국 전통 연못의 모습을 담았다. 중국 주자의 시구절 중 '하늘빛과 구름이 함께 노닌다.'에서 따온 이름이다.

내 한평생 세 가지 회한이 있으니
"군주와 어버이의 은혜에 보답하지 못한 것이 첫째요,
관직이 지나쳤는데도 일찍이 물러나지 못한 것이 둘째요,
도를 배울 뜻을 가졌음에도 성취하지 못한 것이 셋째 한이다."
《서애 류성룡》

설레는 유적여행

만남과 이별

일을 시작할 때, 사람을 만날 때, 살아 있을 때, 일의 마침과 사람과의 이별 그리고 모두의 죽음까지도 알아야 하겠습니다.

무엇이든 파괴되고 창조되는 자연의 섭리로 받아들이는 것이지요.

'만날 때 떠날 것을 알고 미리 염려하지 않은 것은 아니지만, 이별은 뜻밖의 일이 되고, 우리는 만날 때에 떠날 것을 염려하는 것과 같이 떠날 때 다시 만날 것을 믿습니다.'

한용운의 시구절은 그것을 말하고 있겠습니다.

이건 연습이 필요하겠는데 작은 이별에 익숙해지면 큰 이별도 담담해질 것이고, 매 순간 모든 것과 이별하면 매 순간 모든 것과 새롭게 만날 수도 있기 때문이지요.

자신을 잊어버림은 사라져 버리는 것이 아니라 새롭게 만나는 것이기도 합니다. 진지하고 성실히, 목숨 걸고 살아온 사람들에게 찾아오는 이별의 예감과 이별을 잘 소화해 내면서 더 깊어지고 생생해지지요.

깊은 잠으로 하루를 이별하면
신선한 또 다른 하루를 얻을 수 있겠습니다.

불행

살면서 겪는 크고 작은 불행은, 기대하지 말아야 할 것이나 기대할 수 없는 것을 기대하는 욕심에서 오겠습니다.

산으로 올라가서는 물고기를 잡을 수 없고, 바다로 나가서는 산을 오르는 기쁨을 맛보기란 불가능하기 때문이지요.

너무나 당연해 보이는 말이지만, 나의 어리석음 때문에 바랄 수 없는 것을 바라고 기대하면서 결국 실망하겠습니다.

옳고 그름에 얽매이는 것도 마찬가지로 될 일은 되고 안될 일은 안되지요.
무엇이 정의인지, 무엇이 선한 결과인지는 상관이 없겠습니다.

그 일이 옳든, 옳지 않든 나의 의도와 상관없이 일어날 일은 일어나고 말지요. 많은 경우 우리가 할 수 있는 것은 그저 그때마다 적절히 잘 대응하는 것뿐이겠습니다.

일이 벌어지게 하거나, 벌어지지 않게 할 힘이 우리에겐 없기 때문이지요.

신라시대 유학자 고운 최치원 선생을 모신
천년의 역사와 소통·개방·평등을 간직한

정읍 무성서원

신라말 유학자인 고운 최치원 선생의 학덕과 치적을 기리기 위해 설립한 서원이다. 무성이란 '군자가 도를 배우면 백성을 사랑하게 되고, 백성들이 인륜에 따라 바르게 살도록 쉽게 인도할 수 있다.'라는 『논어』에서 유래했다.

다른 서원들은 자연경관이 수려한 곳에 지어진 것에 반해 무성서원은 마을 한가운데 위치해 향촌과 어우러진 모습을 보여준다. 그리고 배향 인물이 조선 사람이 아닌 신라 때 인물이라는 점이 특징이다. 또, 다른 서원들은 성리학 발전이나 나라에 큰 공이 있는 선현을 배향하고 있는 것에 반해, 무성서원은 8년 동안 태산 현감으로서 많은 선정을 베풀고, 치적을 남기고 떠난 최치원 선생을 기리기 위해 마을 사람들이 '생사당(살아 있는 사람의 사당)'을 지은 것이 건립의 시초가 되었다는 점이 남다르다.

이후 인조 때 최치원 선생을 주향으로 모시고 정극인·신잠·송세림 등 향촌 발전에 공이 있는 지역 출신 인물과 함께 총 7명을 배향하게 된다. 우리나라 최초의 향약을 시행했고, 일제에 항거하여 최익현 선생을 중심으로 호남 최초의 의병을 일으킨 역사적 현장이기도 하다.

현가루

'어렵고 힘든 상황에도 학문을 계속한다!'

명륜당 명륜이란 '인간사회의 윤리를 밝힌다.'라는 맹자에서 따온 이름이다. 서울 성균관의 강학당도 명륜당이다.

강수재 원생들이 생활하던 건물이다.

태산사 고운 최치원 선생의 영정을 모신 사당이다.

설레는 유적여행

　고운 최치원 선생은 경주 사람으로 전라도 옥구에서 태어나 12세 때 당나라에 들어가 18세에 진사가 되어 벼슬을 한 천재였다. 당나라에서 황소의 난이 일어나 유명한『토황소격문』을 써서 난을 진압하고 천하에 이름을 떨쳤다. 그 후 귀국하여 태산현감(지금의 정읍 태인)으로 부임했고 신라 진성왕 때 가야산에 들어가 남은 생을 보냈다. 중국의 문물을 신라에 보급하였고, 저서에는『계원필경』등 20권이 있다.

추야우중

가을바람에 힘들여 읊지만 세상에는 나를 알아주는 이 없네
창밖엔 깊은 밤비 내리는데 등불 앞에는 만 리 밖으로 내닫는 이 마음.
《고운 최치원》

* 최치원 선생의 외롭고 적막한 심경이 드러난 시로 세상일에 낙담한 선생은 관직에서 물러나 산속에 은거하거나 여러 곳을 유람하며 말년을 보냈다.

노년의 힘

나이가 들수록 기억력이 예전 같지 않음을 직감하겠습니다.

수시로 깜박깜박하고 새로운 단어나 정보를 습득하는 유연성이 확연히
떨어짐을 느끼지요. 나이 든 사람들은 이런 점들을 한탄하면서 이번 생은
거의 다 됐다고 생각하며 살기도 하겠습니다.

그러나 여기도 풍선효과 같은 것이 작용하지요.
기억력이 좀 떨어지기는 하지만 판단 능력은 더 섬세해지겠습니다.

반응 속도가 무뎌진 것처럼 보이는 것은, 삶에 대하여 예전보다 매사에
신중해지기 때문이지요.
청춘은 청춘의 힘이, 나이 든 사람들은 나이 듦의 힘이 있겠습니다.

지나간 청춘에다 기준의 닻을 내리고 있으면 한탄밖에 할 게 없겠지만,
지금 움켜쥔 것을 잘 살펴서 적절히 잘 사용하면 큰 힘을 발휘할 수도 있
지요.

잘 연결하고 잘 판단하는 것이 중년을 넘어 노년의 힘이 되고,
노욕까지 내려놓으면 삶이 가볍고 더 선명해지겠습니다.

시행착오

　지금 삶이 노예 같다고 하더라도 언젠가는 내가 주인이 되는 삶으로 될수 있으니 노예처럼 살고 있다는 부정적인 생각이 들 때라도 너무 걱정할 필요는 없겠습니다.

　평생 헛심만 쓰다가 삶이 내 뜻대로 되지 않는다거나, 간절히 원하던 곳에 도착하고 나서 자신의 목적지가 아니었다는 것을 알게 되면 누구든 당황하고 낙심할 수는 있지요.

　그러나 상황을 비틀어서 보면 실패한 정도의 크기가 나의 영토일 수도있고, 살면서 경험하는 수많은 시행착오는 오히려 노예에서 주인의 삶으로 가는 확실하고 유일한 길이라고 할 수 있겠습니다.

　넘어지고 일어서기를 반복하는 것이 온전한 우리의 삶이고,
　잘 가고 있다는 반증이기도 하지요.

사계 김장생 선생의 예학 사상이 깃든
영남학파에 대응한 기호학파의 자존심

논산 돈암서원

인조 때 조선 예학의 대가 사계 김장생 선생의 학문과 덕행을 기리고 제
향하기 위해 설립되었다. 현종 때 '돈암'이라는 이름으로 사액을 받았으며
흥선대원군의 서원철폐령 때 훼철되지 않고 존속한 서원 중의 하나이다.
사계 김장생 선생은 구봉 송익필, 율곡 이이 선생의 문하에서 성리학을 배
우고 이어받아 17세기 사림의 시대에 걸맞게 조선 예학을 정비한 예학의
대가로 평가된다. 돈암서원은 서원 중 유일하게 두 왕으로부터 두 번의 사
액을 받은 특이한 사례가 되었다.

산앙루 '저 높은 산봉우리를 우러러보며 밝은 길을 나아가노라!'

설레는 유적여행

입덕문 '덕으로 들어서는 문'

응도당

'군자는 덕성과 학문을 높여야 한다.'

　응도당은 강학당으로 원래는 양성당이었다. 보물로 지정된 건물로써 건축학적 가치가 크고 아름다운 건물이다. 사계 김장생 선생은 인간이 어질고 바른 마음으로 서로 도우며 살아갈 수 있도록 개인의 행동 방식을 규정하는 질서가 필요하다는 것을 강조하였고, 그것이 '예'라고 하였다.

정회당

'고요하게 몸소 수행하라!'

'정회'는 유생들의 수행 방법 중 하나로, 김장생 선생의 부친 김계위 선생
이 후학들을 교육하던 돈암서원에서 가장 오래된 강학 건물이 되겠다.

돈암

'세상을 떠나 은둔해 산다.'

'돈암'은 사계 김장생 선생이 이곳에 은둔해 학문을 닦고 후진 양성에만
전념하면서 살겠다는 뜻을 담고 있다. 돈암서원은 사계 선생을 모시면서 조
선 중기 이후 우리나라 예학의 산실이 되었다.

• • 설레는 유적여행 • •

돈암서원 담장

숭례사의 내삼문을 보면 하나의 구조물에 3개의 문이 아니라 각각의 문 3개를 세워져 있는 것이 특이하다. 앞면의 담장은 얼핏 화려해 보이기까지 하겠는데 우리나라에 몇 안 되는 전통 건축의 꽃담처럼 화사하다.

서원철폐령

흥선대원군은 서원을 교육과 선현에 대한 제향의 문제가 아니라, 정치나 국가 경제의 악으로 보았고 서원철폐령의 이유로 삼았다. 성현을 모신다는 빌미로 신분제도가 고착화되고, 가문과 학연 등의 온갖 비리, 세금 없는 서원의 토지, 서원에 소속된 노예들의 군역을 피할 수 있었던 상황, 당시의 정치권력 변화 등이 그것이었다. 서원을 감싸고 있는 산과 숲·구름·푸른 하늘·코스모스밭이 어우러져 한 폭의 그림을 그렸다.

아는 것이 병이다

앞날을 걱정하는 것은 나름의 이유가 있겠습니다.

그것은 살면서 힘들었던 경험이 쌓이고, 같은 고통이 반복되는 것을 두려워하는 탓이 크지요. 내일에 대한 걱정은 나쁜 지난 기억과 다시 마주하고 싶지 않다는 의미이기도 하겠습니다.

이런 트라우마가 걸림돌이 되는 것은, 좋지 않은 상황에서 어찌할 수 없는 상태로 기억이 되살아나기 때문이지요. 그래서 모르는 것을 걱정할 수는 없고, 내가 아는 범위 내에서만 걱정하고 대비할 수 있을 뿐이겠습니다.

과거의 잣대로 현재를 보면,
실제로는 과거가 변형된 것밖에 볼 수 없지요.

생각을 달리하면 지금 직면하는 문제들에 대해서 근심 걱정 대신, 신선함과 호기심을 가지고 볼 수도 있겠습니다. 이것이 심적 부담을 많이 줄여줄 수 있고, 문제를 풀어가는 데도 효과적일 수 있지요.

우리는 모르는 것이 아니라 이미 알고 있는 것 때문에 고통받는다는 사실을 음미해 볼 필요가 있겠습니다.

폭우의 경고

　해가 갈수록 기록적이고 파괴적인 폭우가 지나가겠습니다.

　굳이 큰 재앙 이전에 나타나는 작은 경고적 사고들이 나타나는 법칙을 암시하지 않아도 단순한 에피소드가 아님을 알 수 있지요.

　일정한 방향성을 가지고 나타나는 기후 변화를 넘어서 이젠 위기라고 합니다. 이것의 특징은 싸이클이 극단적으로 오르내린다는 것이고, 인간 문명이 할 수 있는 다양한 수단들도 소용없게 되어가고 있음을 보여주지요.

　가뭄·폭염·홍수의 풍차돌리기가 시작되었고, 기후는 이미 지구인의 삶에 비관적이라고 하겠습니다. 높은 곳은 무너지고 낮은 곳은 물에 잠기는 것이 당연시되고 있는 현실이지요.

　기후뿐만 아니라 세상도 너무 극단적으로 갈라져 있고, 우리의 마음도 별반 다르지 않겠습니다. 'core'에는 심장이나 마음이라는 뜻이 있는데, 이젠 core 근육만 단련할 게 아니라 각자의 마음을 모아 시작될 수 있는 지구 살리기가 무엇보다 중요한 숙제가 되었지요.

　시급하긴 한데 너무 늦은 것은 아닌지.

제 2 장

찬란한 문화를 꽃피운 고대국가

선사시대 비밀의 문과 기적의 건축술 한반도의 오래된 이야기
한국의 고인돌군

고인돌은 청동기시대의 대표적인 무덤으로, 고대사 연구에 좋은 자료이다. 주로 경제력이 있거나 정치권력을 가진 지배계층의 무덤으로 알려져 있다. 특히 우리의 고인돌 형식이 다양하고 밀집도 면에서 세계적으로도 유례를 찾기 어렵다고 하겠다. 세계문화유산에 등재된 우리나라의 고인돌 유적은 화순 고인돌군·고창 고인돌군·강화도 고인돌군에 집중되어 있다. 이 세 지역의 고인돌군은 한국 청동기시대의 고인돌 문화, 사회구조 및 동북아시아 선사시대의 문화 교류를 연구하는 데 매우 중요한 자료가 되고 있다.

세계문화유산

고창 고인돌군

전북 고창군 아산면 죽림리 야산 기슭에 440여 기의 고인돌 군이다. 기원전 400년~500년 청동기시대 집단 무덤으로, 이 지역을 지배했던 족장들과 가족무덤인 것으로 추정되고, 농사짓기 좋은 이 지역에 터를 잡았던 것으로 보인다. 바둑판 모양의 남방식, 탁자 모양의 북방식, 천장돌만 있는 개석식 등 우리나라에서 볼 수 있는 고인돌의 다양한 형식을 두루 갖추고 있어 고인돌의 발생과 성격을 아는 데 중요한 자료가 되고 있겠다.

강화도 고인돌군

 강화도 고인돌군은 우리나라 최초로 발견된 공동묘이고, 한반도 초기 청동기시대의 생활상을 살펴볼 수 있는 가치 있는 유적이다. 발굴된 유품들은 당시 사회구조·종교·생활·문화 등을 연구하는 데 귀중한 자료로 활용되고 있다. 강화도 부근리 고인돌은 우리나라 탁자식 고인돌 가운데 가장 규모가 큰 것으로 교과서 사진 자료에 나오는 고인돌로 많이 알려져 있겠다. 탁자식이란 지하에 돌방을 만들지 않고 노상에 시신을 안치한 뒤 사면을 돌로 가리고 그 위에 덮개돌을 얹은 형태를 말한다. 길이 710cm·높이 260cm·무게 50톤 정도의 커다란 돌을 사용했고, 북방식 형태의 고인돌로서 고대사 연구에 중요한 자료가 되고 있다.

설레는 유적여행

화순 고인돌군

화순 고인돌군의 특징은 좁은 지역 안에 500기 이상이 밀집되어 있고, 국내 최대 크기와 무게의 상석이 존재하는데, 무게가 100~280톤으로 추정되는 것도 있겠다. 그리고 고인돌의 덮개돌 채석 과정과 고인돌의 축조 과정을 한 곳에서 볼 수 있는 것이 특징이다.

흐름에 따르는 삶

살다 보면 편안하지만 자유롭지 않은 것과 자유롭지만 뭔가 불편한 것 같은 느낌 사이에서 갈등하게 될 때가 있겠습니다.

물론 무너지는 담벼락 아래 서 있어도 안 되겠지만, 배가 가라앉지도 않았는데 미리 바닷속으로 뛰어드는 우를 범해서도 안 되겠지요.

시간은 부족하고 정보는 항상 불확실하지만,
멈출 수 없는 것이 또한 우리의 삶이 되겠습니다.

우리는 최선의 선택을 해야 한다고 생각하지만, 세월이 지나고 보면 흐름에 따르는 자연스러움이 결국 최선이었음을 깨닫게 되지요.

누구든 모두 흘러 흘러 결국 큰 바다로 가겠습니다.
그러니 복잡한 생각을 내려놓고 온전히 쉬어야 하지요.

미세 먼지에 가려져 있지만,
지금도 여전히 빛나고 있을 하늘에 있는 별을 상상해 보겠습니다.

단순함

호수에 물이 차면 달빛도 눈 부시고,
수량이 많으면 큰 강이 생기기 마련이지요.

행복한 삶을 바란다면 올바른 씨앗을 뿌려야 하겠습니다.

호수에 비친 아름다운 달빛이든 이로운 큰 강이든,
모두 물이 충분해야 가능한 것이지요.

"나의 에너지는 찰랑찰랑한가?"
"큰 강을 만들고 찬란한 달빛을 볼 수 있을 정도로 충분한가?"
"어떻게 해야 하나?"

이것을 내려놓고, 저것을 선택함으로써
새어나가는 힘을 차단하는 것이 지혜가 되겠습니다.

온갖 잡생각과 감정들로 밑 빠진 독이 되어버린 것이
각박한 세상을 살아가는 우리지요.

단순한 것이 오히려 힘이 될 때가 많겠습니다.

500년 한반도 신비의 왕국이 깨어나다

가야 고분군

김해 대성동 고분(금관가야)·고령 지산동 고분(대가야)·함안 말이산 고분(아라가야)·창녕 교
동과 송현리 고분(비화가야)·고성 송학동 고분(소가야)·합천 옥전 고분(다라국)·남원 유곡리
두락리 고분군(운봉가야)

　　고분군이란 역사적으로 귀중한 자료가 되는 오래된 무덤군으로 여기서
는 가야시대 고분군을 말한다. 가야 고분군은 1~6세기까지 남부지역을 중
심으로 번성했던 가야국의 정치와 매장 문화를 보여주는 지배층의 무덤들
이다. 각 지역의 가야국들은 독자적 권한을 행사하면서 비교적 동등한 지
위로 결속되어 있었고, 중앙집권적 고대국가로 발전하기 이전의 한반도 문
명을 보여주는 중요한 유적이다. 특히 가야는 변한의 12개 작은 나라들을
통합해 세운 연맹 왕국으로서 풍부한 철 자원을 매개로 중국, 일본 및 한
반도의 여러 지역과 교역하여 다양한 무역루트가 발달한 것으로 보인다.

설레는 유적여행

수로왕과 허왕후

삼국유사에는 수로왕과 가야 건국에 관한 이야기가 있다. 아홉 부족장이 있던 시절, 하늘에서 큰 소리가 들리면서 한 줄기 빛과 함께 황금알 6개가 담긴 금합이 내려왔고, 거기에서 아기가 나와 여섯 가야국의 왕이 되었으며, 그중 처음 태어난 아기가 금관가야 김수로왕이다. 황당한 이야기일 수 있겠지만 설화로서 그 안에 뜻이 담겨 있다. 하늘에서 내려왔다는 것은 토착 세력이 아닌 외부 사람이 새로운 문명을 전파하며 들어왔고, 독자적으로 나라를 건국할 만큼의 힘을 갖추지 못하여 연맹으로 나라를 운영했을 것으로 추정하겠다. 구지봉은 수로왕비릉에 있는 작은 산봉우리로, 수로왕이 탄생했다고 전해지는 곳이다. 수로왕비릉이 있는 평탄한 위치가 거북의 몸체이고, 서쪽 봉우리의 모양이 거북이 머리 모양 같다고 하여 붙여진 이름이다

구지봉

구지가
거북아 거북아 머리를 내밀어라
내밀지 않으면 구워 먹으리
《작자미상》

* 구지가 : 김수로왕이 강신할 때 토착민이던 구간에게 부르게 했다는 노래.

홍살문

가락국 금관가야의 시조이자 김해김씨의 시조인 수로왕릉으로 무덤이
정확히 언제 만들어졌는지는 알 수 없다. 가야의 여러 나라 중 초기에 세
력을 형성했던 금관가야의 시조가 바로 김수로왕이다.

수로왕릉

서기 42년에 즉위한 수로왕은 서기 199년에 죽은 것으로 삼국유사에 기
록되어 있고, 그때 이 자리에 무덤을 조성하였다. 그 뒤 가야는 신라에 병
합되었고, 이후 정비하고 개축했으나 임진왜란 때 도굴되었다. 조선 말기에
비석을 세우고 묘를 새로 하면서 지금의 모습을 갖추었다.

설레는 유적여행

수로왕비릉

　인도 공주 허황옥이 금관가야의 왕비가 되었다. 성은 허, 이름은 황옥으로 알려져 있으며 인도 아유타국의 공주로서 서기 48년 가야로 와서 수로왕의 비가 되고 왕자 열 명을 두었다. 그중 두 아들에게 왕비의 성인 허씨 성을 주어 대를 잇게 했는데, 김해 허씨의 시조가 되겠다. 하늘에서 내려온 황금빛 알에서 태어나 금관가야를 세운 수로왕은 허황옥을 왕비로 맞아 157년간 금관가야를 다스렸다. 수로왕릉보다 더 높은 지대에 자리한 왕비릉은 당시 왕비 세력이 강력했음을 엿볼 수 있겠다.

　허황옥이 인도에서 가지고 온 탑으로, 파사란 '진리를 드러낸다.'라는 뜻이다.

파사석탑

충만한 삶

누군가 내 삶을 물어보지 않으면 굳이 말할 일도 없겠습니다.

홀로 핀 꽃은 누가 보아주지 않아도 이름 없이 피고 질 뿐이지요.

꽃이든 인간이든 잠시 피었다가 지는 존재들이 되겠습니다.

넓게 보면 아쉬운 한때의 한들거림에 지나지 않겠지만,
온전히 나의 모습으로 잘 피어난 삶에는
누가 알아보지 못해서 생기는 아쉬움이란 게 없지요.

피어난다는 것은 우주로 열려 나가는 것이고,
그 자체로 충만한 삶이라고 하겠습니다.

삶의 연료

나이가 들고 경험이 쌓일수록 삶에 대한 안목이 열리고 행동이 변하기 마련이겠습니다. 유치함을 벗어나는 것이지요.

하지만 사람마다 타고난 천성도 있어서 세월이 지나도 변함없는 것이 있겠습니다. 이건 세월이 흐를수록 더 단단해지기도 하지요.

선현들은 공부의 목적을 자기 내면의 변화에 두었는데,
누구든 타고난 기질이 높은 수준에 이르도록 하는 일이 되겠습니다.

이런 자신의 기질과 공부, 수많은 경험의 수레바퀴는 끝없이 굴러가지요. 그래서 우리는 학생이고 여행자라고 하겠습니다.

세상일을 알지 못해서 방황하고,
삶의 길을 잃어서 방랑하는 것은,
모두 공부가 되고 인생 여행의 연료가 되지요.

결국, 우리의 삶은 원숙에 이르게 되고
어떤 삶이든 딱히 걱정할 필요는 없겠습니다.

김해 대성동 고분군

경남 김해시 대성동에 있는 1~5세기 무렵 금관가야 시대 무덤군이다. 대부분 지배 집단의 무덤 자리로 추정되고 고인돌·널무덤·덧널무덤·굴식돌방무덤 등 다양한 형식의 무덤이 발견되었다. 입지가 좋은 구릉의 능선부에는 왕이나 지배계층의 무덤이, 경사면에는 평민들의 무덤이 형성되어 있다. 특히 지배계층과 피지배층이 별도로 조성되어 있어 금관가야의 실체를 파악하는 데 가치 있는 고분군이라고 하겠다. 동서로 뻗은 구릉지대는 경사가 완만해서 무덤이 있기에 적합한 환경을 보여준다. 구릉 주변 평지에는 1~3세기 무덤이, 구릉 정상부에는 4~5세기 무덤이 밀집되어 있어, 삼한시대부터 금관가야 시기까지의 무덤이 발견되고 있다.

금관가야 지배계층의 무덤 축조와 유물부장 상태를 보여주는 야외전시관

설레는 유적여행

대성동 1호분 대형덧널무덤

대성동 1호에서는 많은 양의 토기류와 철재류, 일본과의 교류를 보여주는 통형동기, 금·은으로 된 장식품과 말안장, 순장자 등은 이 시기 대성동 고분군을 포함한 낙동강 하류 지역의 다른 무덤을 압도하는 고분이다. 이와 같은 무덤의 규모 및 부장유물의 질과 양으로 보아 금관가야 마지막 왕묘일 가능성이 높다고 추정하겠다.

옹관묘

금관가야인 인골

철재유물

토기 유물

•• 설레는 유적여행 ••

고령 지산동 고분군

　경남 고령 대가야의 무덤군이다. 축조 기록이 없어서 시기는 알 수 없지만, 가락국 김수로왕과 함께 구지봉에서 태어난 6명의 동자 중 둘째인 이진아시가 건국했다는 설화가 있고, 대규모로 축조한 시기는 대가야가 고대국가로 성장한 5~6세기로 추정하겠다. 특히 한국사에서 가장 많은 인원을 순장했다고 확인된 고분군이다. 고구려나 신라에서도 순장이 있었다고는 하지만, 고구려는 적석총이라는 무덤 특징상 몇 명까지인지는 특정이 되지 않고, 신라 무덤은 많아야 2~3명 정도로 비교적 인도적인 수준이었다. 하지만 지산동 고분군의 대형분들은 수십 명씩, 가장 큰 44호분에는 놀랍게도 대략 40명 정도가 순장되었다고 추정하겠다. 또 가야 시대 금관(국보)이 출토된 곳인데, 도굴된 것을 삼성 회장이 구매해서 리움미술관에 소장하고 있다.

순장 무덤 모형

지산동에서 눈여겨볼 것은, 주인을 위해 생매장된 순장 고분임이 밝혀져 고대 순장 제도를 알 수 있다는 점이다. 고분군들 중에서 가장 거대한 규모로 순장했고, 무덤 주인이 묻히는 주변에 순장 곽을 수십 개씩 설치했는데, 이런 '다곽순장묘'는 여기서만 존재한다. 수십 명을 순장했고, 말이나 소 같은 동물까지 추가로 순장했다.

• • *설레는* 유적여행 • •

함안 말이산 고분군

경남 함안군 말이산에 형성된 안라국(아라가야) 왕들의 무덤군으로, 아라가야의 전성기인 5세기~6세기에 조성된 것으로 추정하겠다. 출토된 유물은 토기·철기·장신구 등 총 7,000여 점으로 다양하다. 이는 아라가야가 독자적으로 형성, 발전시켰던 찬란한 문화상을 보여줌과 동시에 고대 한반도 남부의 일원으로서 주변 국가와의 교류·갈등·정복 등을 잘 보여주고 있어 학술적으로도 중요한 가치가 있겠다.

　작은 봉우리들이 늘어선 산등성이 위에 지름 40m에 달하는 가야 최대 고분 등 대형 봉분이 줄지어 있고, 서쪽으로 뻗은 가지 능선까지 아름다운 경관이 사람들을 매혹시키기에 부족함이 없다.

창녕 송현동 · 교동 고분군

비화가야는 가야 연맹의 한 국가로, 경상북도 성주 지역을 중심으로 존재했던 고대 소국이다. '비화(非火)'는 불이 없다는 의미가 되는데, 전설에 따르면 '불이 꺼지지 않는 땅'이라는 의미로 해석되기도 하고, 종교적 의미를 가진 이름이라는 의견도 있겠다. 초기에는 상대적으로 소국이었으나, 후기부터는 대가야와 함께 가야 연맹의 주요 일원으로 성장했다. 그러나 신라와의 정치적·군사적 마찰이 지속되었고, 결국 신라의 지배권 아래에 들어가게 되었다. 경남 창녕의 교동·송현동 고분군은 일제강점기 때 일본인 세키노 타타시에 의해 알려진 곳이다. 150여 기가 발굴되었고, 5~6세기 정도에 조성된 것으로 추정되겠다. 본래 80여 기의 큰 고분이 분포되어 있었으나 일제강점기 때 도굴되거나 논으로 개간되면서 현재는 16기만 남아있다.

송현동 고분군

교동 고분군

고성 송학동 고분군

경남 고성읍 무기산 일대의 고분군으로 7기가량의 고분이 밀집한 무덤군이다. 소가야 왕들의 무덤으로 추정되는 고분에는 겉모양이 일본의 '전방후원분'과 닮았다 하여 한·일 양국 간에 큰 논쟁을 일으켰던 제1호분도 있다. 이후 동아대 발굴팀에 의해 일본 것과 다른 무덤임이 밝혀졌다.

설레는 유적여행

　송학동 고분군에서 출토된 유물들은 토기류, 금동 귀걸이·마구·금동장
식 칼·청동제 잔·유리구슬 등으로 소가야 왕릉의 면모를 짐작하게 해준
다. 대개 5~6세기에 조성되었던 소가야의 고분으로 왕릉급이나 지배계급
의 무덤으로 추정된다. 송학동 무덤군은 동외동 조개더미의 철기시대를 이
은 후대 문화를 대표하는 가야 문화유적으로서 역사적으로 중요한 유적이
고, 고분이 자리한 고성군은 소가야의 옛터로도 잘 알려져 있겠다.

황금칼 '환두대도'를 품은 다라국

합천 옥전 고분군

경남 합천군 성산리 황강 변 구릉에 있는 고분군으로, 특징은 대형 수장묘가 구릉 정상에 있다는 점인데 4~6세기에 조성된 것으로 추정된다. 특히 최고 수장급의 고분에서 발견되는 유물이 거의 다 있는 가야 지배계층의 무덤으로, 용봉문환두대도·금귀걸이·말머리가리개·말갑옷·말갖춤·로만글라스 등의 유물을 통해 우리나라 고분 문화의 정수를 보여주고 있어 매우 귀중한 자료로 평가되고 있다. 특히 용봉문환두대도는 한 무덤에 4개가 무더기로 발견되어 고고학계에 놀라움을 안겨 주었으며, 화려한 장식성과 특특한 옥전 양식의 금귀걸이는 보물로 지정되었다. 가야 고분군에서는 처음으로 완전한 형태의 로만글라스가 발견되어 대외교섭능력을 보여주고 있겠다.

나무 덧널무덤

나무 덧널무덤은 무덤구덩이를 파서 그 속에 덧널을 설치하고, 그 사이에는 흙과 돌로 채워 넣은 후, 그 위에 나무 뚜껑과 흙을 덮어 영구히 밀폐한 무덤이다. 옥전고분군은 황강과 낙동강의 뱃길을 이용하여 교역 중계지로 성장했던 다라국의 발전 과정을 잘 보여주는 대표적인 고분군이다.

설레는 유적여행

남원 유곡리와 두락리 고분군

　전북 남원시 동면 유곡리 성내 부락 주변 언덕과 언덕 북쪽 두락리에 있는 무덤군이다. 유곡리는 20여 기가 있었으나, 개간과 도굴로 원형이 파괴되었다. 두락리는 돌덧널무덤과 돌무덤이 있고 돌덧널무덤에서 굽다리접시·항아리·쇠 낫·철봉·말 재갈 등이 발견되어 5~6세기경 조성된 것으로 추정된다. 삼국시대 남원지역의 문화와 사회상을 알려주는 좋은 자료로 평가되고 있겠다.

　철기문화를 꽃피웠던 운봉가야는 1500년 동안 잊혀진 왕국이었고, 위치상 백제 문화와 융합된 특징을 지닌 고분군이다. 가야와 백제의 고분 축조 방식이 모두 나타나고 있고, 그 특징을 보여주는 유물도 함께 출토되어 전라북도 동부 지역의 고대문화 연구에 역사적·학술적 가치가 높은 유적이다.

행복과 성공

행복이 곧 성공이라고 생각하는 사람도 있고,
성공해야 행복할 수 있다고 생각하는 사람도 있겠습니다.
자신의 신념에 따라 삶의 방식이 달라질 수 있다는 것이지요.

문제는 행복과 성공을 어떻게 보느냐가 되겠습니다.

"무엇이 좋은 일인가?"
"그것이 나에게도 좋은 일인가?"

이런 생각들을 틈틈이 살펴볼 필요가 있지요.

알고, 선택하고, 느끼는 만큼 삶을 누릴 수 있기 때문이겠습니다.

물론 좋고 나쁨에 대한 것도 차별 없이
하나로 볼 수만 있다면
완전히 새로운 삶을 살 수도 있지요.

설레는 유적여행

본전 인생

우리는 거주할 집의 평수를 넓혀 세상을 집 안으로 집중시키는 시대를 살아왔고, 또 깨닫게 되었습니다. 유지관리가 만만치 않다는 것과 세상은 여전히 바깥에 있었다는 사실이지요.

내가 소유한 것들은 역설적으로 나를 소유했습니다.
물질·관계·생각인 그것들은 오히려 나를 사용하고 처분해 왔지요.
우리는 물질을 이용하고, 수많은 관계를 맺고, 끊임없이 생각하면서 살지만, 그것들 역시 우리를 철저히 이용하고 소비하겠습니다.

거기다 내가 유능하지 못하면 삶이라는 거래는 불만족과 괴로움이라는 적자를 면치 못하게 되어 있지요. 유능하다는 것은, 좋고 나쁨을 잘 이해함으로써 기대든 실망이든 정도를 넘지 않는 것을 의미하겠습니다.

잘 어우러진 삶을 원한다면 무엇보다도 그게 그거라는 사실을 알아차리는 것이지요. 잘해야 본전, 밑져도 본전인, 아름다운 삶의 앙상블이 되겠습니다.

어차피 본전 인생이지요.

검소하나 누추하지 않고 화려하나 사치스럽지 않다!

백제역사유적지구

기원전 18년부터 660년 멸망까지 약 700년간 존속했던 베일에 싸인 고대국가 백제역사유적이다. 백제역사유적지구는 백제 후기 때의 문화를 대표하는 것들로 웅진 시기에는 공주 공산성·무령왕릉과 왕릉원, 사비 시기에는 부여 관북리 유적·부소산성·정림사지·부여왕릉원·나성, 사비 후기에는 익산 미륵사지·왕궁리유적으로 구성된 유적이다. 백제역사지구는 과거 백제가 중국과 일본을 이어주는 동아시아 교류의 중심이었고, 불교의 확산과 예술, 건축 기술 등의 세련된 백제 문화를 전파했음을 보여주고 있다.

부여 부소산성

충남 부여군 부소산성은 금강 남쪽에 있는 부소산 위에 쌓은 산성으로 사
비성이라고도 했으나, 산의 이름을 따서 부소산성으로 불리고 있다. 부소산
성에는 낙화암·백화정·사자루·고란사·백제의 마지막 충신들을 기리는 삼
충사 등의 유적이 있겠다. 산성은 백제 수도인 사비의 도성이었고, 사비 천도
전후에 축조된 것으로 추정된다. 부소산성은 그 가치를 인정받아 유네스코
세계문화유산 백제역사유적지구에 포함되었다.

영일루

　부소산 동쪽 봉우리에 있는 대표적인 조선시대 누각이다. 조선 고종이 사비도성의 비원이던 부소산 동쪽 산정에 올라 계룡산 위로 떠오르는 해를 맞이하며 나라의 태평과 백성의 평안을 기원하던 곳인 영일대(해 맞는 곳)에서 유래했다고 전해진다.

사자루

　부소산 서쪽 가장 높은 봉우리에 있는 정자로 동으로는 계룡산, 서로는 구룡평야, 남으로는 성흥산성, 북으로 울성산성 등이 보여 전망이 아주 좋다. 일제강점기에 부여군수 김창수가 지었고, 이후 중수하였다. '사자루' 편

설레는 유적여행

액은 고종의 아들인 이강이 썼다.

백화정

낙화암 전설 속 낙화암 절벽에서 떨어져 죽었다는 궁녀들의 혼을 기리기 위하여 건립된 정자이다. '백화정'이라는 이름은 소동파의 시에서 따온 것으로 궁녀들이 낙화암에서 떨어져 죽는 모습이 마치 하얀 꽃과 같다고 하여 붙였다. 절벽에는 조선 후기 우암 송시열이 쓴 낙화암 글씨가 남아있다.

고란사

삼성각

고란약수

　고란사와 고란약수터는 부소산성 백마강변에 위치한 사찰과 약수터이다. 낙화암과 삼천궁녀의 전설을 품은 천년 고찰 고란사와 한번 마시면 3년 젊어진다는 약수가 유명하겠다. 백제 멸망과 관련된 고란사의 전설은 정확한 유적이나 유물이 없고, 현재의 고란사는 고려시대에 창건된 은산 승각사를 이전한 것으로 전해지고 있다.

이 순간

'좋은 날이 오면 그때 하자'라는 말은 믿을 것이 못 되겠습니다.
생의 해가 저물면 노래를 부르기엔 이미 늦지요.

가슴이 저리도록 찬란한 인생을 노래하고
그저 이 순간을 만끽해야겠습니다.

한 치 앞도 못 보는 우리의 삶.

"아직 살아있는 자는 희망이 있다."라는 키케로의 말처럼
냉큼 한 걸음 나아가면 될 일이지요.

평안한 삶의 기술

상대는 문제의 핵심을 몰라서 나를 두 번 죽일 수도 있겠습니다.

쿨하게 사과하면서 나를 달래줄 리 없는 상대에 대해서 먼저 할 수 있는 일은 격렬히 분노하고 저주하는 것이지요. 그러다가 오랫동안 슬픔이 되고, 마침내는 우울의 나락으로 떨어지고 말겠습니다.

더 나아가 할 수 있는 것은 복수 같은 되갚음이지요.

분노의 대상을 무너뜨리기 위한 시간들이 지속되고,

오랜 시간 분노의 에너지를 소진하겠습니다.

더 큰 문제는 상대를 무너뜨리기 위해 바쳐진 시간과 에너지로 인해 나도 무너져 간다는 것이지요. 이렇게 사람과 세상에 원인을 돌리고 원망만 하게 되면 절대로 이길 수 없는 게임을 시작하는 꼴이 되겠습니다.

"그런 것에 큰 힘을 낭비하기에는 인생이 또 얼마나 짧은가?"

살다 보면 참으면 병이 되고, 싸우면 인생이 무너지는 일이 많지요. 이 폭발하는 불덩이를 잘 다루는 것이 평안한 삶의 멋진 기술이 되겠습니다.

부여 정림사지5층석탑

부여 정림사지5층석탑은 정림사터에 있는 석탑으로 주변을 발굴 조사한 결과 사찰의 가람 배치가 밝혀졌다. 석탑 주변에서 '태평8년무진정림사'라는 명문이 있는 기와가 출토되어 명칭을 '정림사지오층석탑'이라 부르게 되었다. 균형과 정제의 미를 갖춘 백제 탑 형식 중 전형적인 석탑이자 석탑의 시조라고 할 수 있고, 세련미와 격조 높은 우리나라 석탑 양식의 계보를 정립하는 데 가치 있는 자료라고 하겠다. 석탑에 남아있는 불에 그을린 상흔을 통해 참혹했던 백제의 마지막을 엿볼 수 있다.

정림사지 석불좌상

고려시대 때 사찰을 중수
하면서 모신 비로자나불상
이다. 불상은 높은 대좌 위
에 앉아 있는데 형체가 마
멸되어 양식과 수법은 알아
볼 수 없고, 오른쪽 팔과 왼
쪽 무릎도 없어졌다. 머리와
갓은 후대에 조성한 것이고,
얼굴형은 원반형의 평면적인
모습이며 이목구비는 매우
형식적으로 표현되어 있다.
중대와 하대는 8각형이지만
복련과 안상이 중첩되어 세
련된 미가 좋다.

설레는 유적여행

내가 가야 할 길

가끔 주위나 방송 등에서 나름 똑똑하다고 생각했던 사람들의 어리석은 말과 행동을 볼 수 있겠습니다. "내가 너무 오래 살았나?"

평소 신중하다고 믿었던 사람들도 조금만 들여다보면 알법한 가짜 뉴스들을 사실이라 여기는 경우가 많지요. 작은 차이를 총명하게 살피고 구별할 줄 알 것이라고 믿었던 사람들이 터무니없는 잣대로 사실을 호도하는 것을 볼 수도 있겠습니다.

공감할 수 있는 좋은 말을 참 많이 했던 사람들이 자신의 이해관계 앞에서는 한없이 초라한 논리를 들이미는 경우도 더러 있지요.

"혹시 나도 그렇게 되고 있지 않나?"

어쩌면 이미 그러고 있는데 나만 모르고 있을 수도 있겠습니다.

그럴 때는 글쓰기가 답답하고 심심해서 하는 작업이란 생각이 들기도 하지요. 물론 글쓰기에 대한 비하일 수 있겠습니다.

"뒤엉키고 삐뚤어진 세상에서 글로 무엇을 표현할 수 있나?"

내가 태어나 의지하며 살아온 이 나라든, 평소 좋게 여겼던 사람이든, 마음 한켠이 배배 꼬인 느낌이 들지요. 무엇보다 중요한 것은 내가 왜곡되고 뒤틀려 있을지도 모른다는 불안이 들겠습니다.

그래서 꾸준히 글을 쓰면서 성찰하는 삶을 고집하지요.

책과 글이라는 그런 존재와 함께하는 순간이 조금이나마 평안을 주기 때문이겠습니다.

내가 가야 할 길을 잘 가고 있는지 찬찬히 살펴볼 필요가 있지요.

가족처럼

지금은 두 분 모두 별이 되셨지만, 생전 부모님에 대해서 불만이 있었어도 인제 와서 새삼 그런 마음과 다투고 싶지는 않겠습니다. 부질없을 뿐만 아니라 함께한 날들이 애틋하기도 하고, 기억만으로도 큰 아픔이 있기 때문이지요.

가정과 사회는 삶의 절반씩이지만, 행복과 불행을 이야기하면 가정이 좀 더 비중이 크다고 하겠습니다. 그래서 보통 부모님과는 다르게 배우자와 자식에 대한 기대가 강하고, 서로를 위해 최선을 다하는 것이 사랑이라고 생각하는 경우가 많지요. 다 사랑의 이름으로 강요하는 경향이 있고, 그렇게 하지 않으면 외면하는 것이라고 여겨지기 때문이겠습니다.

물론, 가족에게서는 어느 정도 관계 중독이 일어날 수밖에 없는 현실이 있고 우리나라는 정도가 좀 심한 편이지만, 요즘 세대에서는 빠르게 퇴조하는 경향도 있지요. 남편 혹은 아내, 자식을 있는 그대로 수용하는 것이 쉽지 않겠지만 꼭 필요한 일이고, 그 결과 역시 바람직하다는 생각이 있겠습니다.

강요로부터 자유로운 사람들에게는 평화가 있고, 스스로 도전하고 부족한 부분도 채워나가면서 약간의 곡절이 있을지라도 어떻게든 꾸려나가지요. 지켜봐 주고 도와주는 것이 최선이고, 있는 그대로 받아들이는 것이 온전한 사랑이 되겠습니다. 그러려면 먼저 나의 결핍과 욕망, 불안과 우울감부터 벗어나야 하겠지요. 삶의 이야기는 모두 연결되어 있기 때문이겠습니다.

능산리고분 · 능산리사지 · 나성

부여 왕릉원(능산리 고분군)은 사비 시기 백제 고분 건축 기술을 보여주는 의미 있는 유산이다. 능산리 지역은 백제 말기 왕릉 지역으로 알려져 있겠다.

동하총 고분 모형

고분군 중 1호 무덤이 아래쪽 동쪽에 위치한다고 해서 동하총이라 하는데 이 무덤 안쪽에 축조한 사각형 벽화가 유명하다. 북쪽에 현무·남쪽에 주작·동쪽에 청룡·서쪽에 백호의 사신 벽화가 있고, 천장에 연꽃과 구름무늬를 화려하게 그려놓았다. 백제 사비시대 회화 예술의 진수를 보여주는 중요한 자료라고 하겠다.

동하총벽화

능산리사지

백제 27대 위덕왕이 자신의 부왕인 성왕의 명복을 기원하기 위해 지은 왕실의 사찰 터가 되겠다.

설레는 유적여행

백제 금동대향로(국보)

아버지를 향한 위덕왕의 효심이 빚어낸 압도적 아름다움을 뿜어내는 유물이다. 진흙탕에서 발견된 세기의 걸작, 국보 중의 국보인 백제를 상징하는 금동대향로이다. 백제인들의 세계관이 잘 담긴, 불전에 향을 피울 때 쓰는 향로로써 능산리 사지에서 출토되었다. 아들의 아버지를 향한 지극한 마음이 하늘에 닿기에 부족함이 없겠다.

부여나성

사비 도성의 외곽 성으로 도성을 보호하고 경계를 구분하기 위해 쌓은 산성으로서 백제가 사비로 천도하면서 계획한 도성이다. 도성의 북동쪽을 감싸고 있고 지형에 걸맞게 다양한 축조 공법이 적용되었다. 도성 안은 왕궁과 사원, 민간 거주 영역, 바깥은 왕릉 등의 사후 영역으로 하여 성의 범위와 위엄을 보여주고, 천도를 위해 계획적으로 축조된 혁신적인 시설이었다.

잡념

살다 보면 수시로 찾아드는 번뇌를 가볍게 하고, 좀 더 자유를 누릴 방법을 생각해 보겠습니다. 먼저 우리의 뇌는 생각하는 기계 같음을 아는 것이지요. 매 순간 수많은 시뮬레이션이 작동하고, 어떤 일을 앞두고 오만가지 생각으로 잠을 설치게 하겠습니다. 이쯤 되면, 생각이 아니라 잡념 수준이지요.

그다음은 실제 상황이 언제나 내가 생각했던 것과는 다르다는 것이고, 대부분의 걱정은 부딪히는 순간 부질없이 끝날 가능성이 높겠습니다. 결국, 내 생각과 상관없이 상황은 제 갈 길로 흘러갔다는 것이고, 고민할 시간에 잠이나 푹 자둘걸 하고 후회하게 되지요.

우리는 평생 생각과 현실의 차이를 겪으면서 살겠습니다. 현실이 특별히 변하지 않는다고 보면, 대부분의 번뇌는 생각이 오버하기 때문이지요. 또 그것조차도 내가 감내해야 한다는 것이고, 번뇌를 잘 타고 넘는 삶이 자연스럽다고 하겠습니다.

"어차피 우리는 고독하게 머무르다 갈 존재들 아니겠나?"

생각이 들어오고 나가는 것은 내가 어떻게 할 수 없는 통제력 밖의 일이지요. 그러나 생각에 끌려가지 않는 것은 각자의 통제력에 달려있겠습니다. 그 통제력은 '생각은 생각일 뿐'이라는 사실을 아는 것과 일상에서 실전 연습으로 향상될 수 있지요.

윤회는 일종의 반복이라고 하겠습니다. 두려워할 필요가 없고, 그 과정에서 지혜의 힘이 성장하면 되는 것이지요. 구르고 또 구를수록 오히려 삶은 더욱 단단해지겠습니다.

오늘

　변화란 세상과 나 사이의 적당한 거리와 균형을 잡아가는 과정이라고 하겠습니다. 그 시작점은 세상을 있는 그대로 받아들이고, 스스로 만들어 가는 것이지요.

　세상과 부딪쳐 가며 만들려는 사람도 있고, 나처럼 자신의 공간에서 글로 일깨움으로써 세상을 만들어 보려는 사람도 있겠습니다.
　하지만 대부분은 일상을 통해 조금씩 세상의 일부를 만들어 가지요.

　그러나 무엇을 이루는 것보다는 변화 자체가 중요하겠습니다.
　누구든 죽기 위해 늙어가는 것이 아니라, 그저 하루하루를 살아갈 뿐이지요. 행복이 결과가 아니라 과정인 이유가 되겠습니다.

　매일 새로운 아침을 맞이하고, 한낮을 지나서 밤까지 변화하는 햇빛처럼, 삶도 그때마다 다양한 빛으로 변해가는 것이지요.
　어제는 이미 지나간 시간이고, 내일은 지금의 선택에 따라 변할 수 있는 무엇이 되겠습니다.
　'오늘'이라는 주어진 시간을 어떻게 변화시키며 살아야 할 것인가에 관심을 가져보는 것은 가치 있는 일이지요.

공주 공산성

공산성은 공주에 있는 백제 웅진도읍기의 왕성으로 당시에는 웅진성이라 불렀다. 백제 때는 토성으로 축조하였다가 조선시대 때 석성으로 개축한 것으로 알려져 있고, 고대 중국·일본과의 문화 교류를 통한 백제 토목건축 기술의 발전 과정을 엿볼 수 있는 가치 있는 자료라고 하겠다. 조선 인조 임금이 이괄의 난을 피해 거처한 곳이기도 하다.

백제의 중흥이 시작되었고, 불타는 사비성을 빠져나온 의자왕이 나당연합군에 5일 만에 항복하게 되는 백제의 흥망성쇠가 공존하는 공산성이다.

설레는 유적여행

공북루

　'망북루'를 선조 때 중수한 후 '공북루'라 했다. 금강을 향해 누각을 만들어 위층에는 마루를 깔고, 아래층은 통행로로 이용하였다. 공산성은 사비의 궁궐을 수리할 때는 무왕이 공산성으로 거처를 옮기기도 하였고, 의자왕이 피신해서 나당연합군과 대치하다가 항복한 장소이기도 하다.

만하루

연지

　공산성의 누각 만하루는 금강 조망이
탁 트여 적을 감시하는 군사적 용도로 지
어졌다. 만하루와 이어져 있는 연지는 땅과 강의 접안시설로 물류가 들어오
는 곳이었다. 공산성은 금강과 급경사를 이루는 공산의 산세를 잘 활용하여
축조된 천연 요새라고 하겠다.

공산성 성벽의 전체 길이는 2,660m로 현재 대부분의 성벽은 조선시대 이후에 고쳐 쌓은 것이다. 백제 멸망 이후 통일신라시대와 조선시대를 거쳐 오랫동안 지방의 거점이자 방어성으로서의 기능을 유지하였다. 특히 백제 웅진기 도읍지의 구조를 이해하는 데 중요한 단서가 되고, 한성기와 사비기의 도읍지 구조 및 백제 도성의 변천 과정을 이해하는 데 큰 가치가 있겠다.

공산성에 묻혀있던 삼국시대 최첨단 결정체인 황칠갑옷을 비롯하여 불탄기와 조각, 다양한 화살촉 등이 발굴되어 그날의 치열했던 마지막 전투를 엿볼 수 있게 한다. 백제의 꿈도 패망의 역사 속에 함께 묻혔다.

몸이 전하는 말

소통은 어느 시대든 중요한 이야기지만, 요즘은 뒤엉킨 시대가 된 것 같기도 하겠습니다. 사회적 소통도 문제지만 먼저 점검해 보아야 할 것이, 나에게 있어서 소중한 사람들과의 소통 같은 것이지요.

부모 자식 사이, 부부 사이, 친구 사이 등의 소통이 되겠습니다.

누구에게든 행복과 불행을 결정짓는 가장 큰 뿌리임에도 많은 사람이 이런 소통에 어려움을 느끼고 때로는 외면하고 무기력해지기도 하지요. "그 원인을 성찰해 봤나. 개선하려고 노력이라도 하나?"

또 빠뜨릴 수 없는 과제가 바로 나와의 소통인데, 가까운 사람들과 세상에 핏대를 세우며 살아가는 그런 중요한 사람이 되겠습니다. "나에 대해서 얼마나 알고 있나. 그런 나와 조화롭게 잘 지내고는 있나?" 모든 문제의 근원임에도 베일에 싸여 있지요.

나이가 들어갈수록 몸이 시비를 걸어오고 무시하면 가차 없이 예측 불가능한 보복을 가하겠습니다. 이것은 현실적인 소통 문제가 되고, 신경을 쓰지 않을 수가 없지요. 나이 든 남자들은 안방마님의 말씀에 순종해야 한다지만, 실은 몸이 하는 말에 순종하는 것이 우선이 되겠습니다.

사소하더라도 몸이 하는 말을 듣는 귀가 가장 먼저 열려야 하지요. 소통과 흐름, 조화와 건강은 삶을 함께 타고 흐르는 물결 같은 것이 되겠습니다.

생각이란 깨어서 꾸는 꿈

"이것은 이런 것이고, 이러면 이렇게 될 것이다!"

우리는 늘 예측하고 판단하며 살겠습니다. 서로 비슷하거나 같은 것인데도 평소에는 있는 줄도 모르다가 그게 그렇지 않다는 것을 알게 된 순간에야 느끼는 경우가 많지요.

"나에게 어떤 틀이 박혀 있는 것은 아닐까?"

이게 현실과 어긋나면, 당황하게 되고 거의 분노로 이어지는 경우가 많겠습니다. 이보다 더 위험한 틀은 "당연히 이래야 한다!"라는 똥고집이지요. 밖으로는 투쟁이 되고, 안으로는 자괴감으로 이어지겠습니다. 결국, 섣부른 예측과 판단은 폭탄급 위력이 있지만, 동시에 모든 번뇌도 여기서 생겨나지요.

번뇌는 '내 생각과 다르다.'라는 의미라고 할 수 있겠습니다.
따라서 매사에 내가 하는 예측과 판단을 잘 살펴볼 필요가 있지요.

생각의 수준을 높이는 것이 아니라,
생각의 늪에 빠진 나를 아는 것이 문제 해결의 지혜가 되겠습니다.
생각이란 깨어서 꾸는 꿈과 같은 측면이 있지요.

공주 무령왕릉

왕릉원 이전에는 '송산리 고분군'이라 했고, 1971년 고분 배수로 공사 중 벽돌무덤이 발견돼 세상을 놀라게 했다. 무덤 주인이 백제 25대 무령왕과 왕비임을 밝힌 지석이 발견되었고, 화려하며 정교한 수천 점의 유물이 출토되었기 때문이다. 삼국시대 무덤 가운데 유일하게 주인이 명확히 밝혀진 곳이기도 하다.

공주 송산리고분

무령왕릉

설레는 유적여행

무령왕릉 내부 모형

왕릉원의 7기 무덤 중 1~5호분은 백제 전통 굴식돌방무덤이고, 6호분과 무령왕릉은 중국식 벽돌무덤이다. 학자들은 백제 사회의 국제성·개방성과 관련이 있다고 하겠다. 내부 모형은 실제 무덤을 이해하는 데 부족함이 없다.

'영동대장군 백제사마왕'이라는 표지석의 발견으로 무령왕릉임을 정확히 알 수 있고, 아름다운 무지개 모양의 아치 모양 입구가 인상적이다. 28개의 서로 다른 모양의 벽돌로 쌓았고 망자를 위한 창문과 등잔불을 올려놓을 수 있는 등감을 만들어 놓은 것이 눈에 띈다. 등불로 내부의 산소를 제거하여 부장품들의 산화를 막겠다는 의미로 추정되지만, 세월의 무게를 견디진 못했다. '석수'라는 상상 속의 동물이 왕릉 입구를 지키고 있는 것도 흥미롭다.

재치 있는 대화

"설교가 20분을 넘으면 죄인도 구원받기를 포기한다."

마크 트웨인의 말이 되겠습니다. 우리가 하는 말에는 운동처럼 근력이 있겠는데 열심히 운동하면 근력이 좋아지듯이 내가 내뱉는 말도 노력을 기울이면 '어휘력'이라는 근력이 생기겠습니다.

이것을 가능하게 하는 것은 독서가 되겠는데, 내가 표현하고 싶은 말들이 책 속에 널려있기 때문이지요. 그런 옥구슬을 찾아내서 내게 맞는 말로 잘 꿰매면 간단명료하게 의사를 전달할 수 있는 역량이 생기기 때문이겠습니다. 말더듬이 증상 때문에 청중들에게 강한 인상을 주지 못했던 처칠 수상도 유창한 언변 대신 짜임새 있는 원고를 만들기 위해 노력했고, 청중의 수준에 맞추기 위해 원고를 수없이 수정했다는 일화가 있지요.

말이든 연설이든 너무 심각할 필요는 없겠습니다. 무거운 모습보다는 상대에게 솔직하고 위트 있는 모습을 보여준다면 충분하지요.

사람들이 뚱뚱한 대머리라고 놀렸을 때 처칠은 "조금 전에 태어난 아기들은 전부 저처럼 생겼습니다."라고 재치 있는 말로 넘긴 일화도 있겠습니다. 조금의 유머 감각이 있다면, 말솜씨보다 더 흥미로운 대화를 만들 수도 있지만, 이것은 저절로 생기는 것이 아니라 많은 독서와 여유로운 마음이 있어야 발휘될 수 있지요.

유머 감각을 키우는 첫 번째 비결은 바로 나를 내려놓는 것이고, 유머러스하고 재치 있는 대화에도 그 사람의 삶이 담겨 있겠습니다.

살면서 겪는 일

"부자는 깨우치기 위한 마음을 내기 어렵고, 가난한 사람은 남을 돕기가 어렵다." 이해가 가는 말이긴 하지만, 누군가에게 마음으로 도움이 된다는 것은 재물과는 또 다른 의미도 있겠습니다.

부유하든 가난하든, 겪어본 사람이라야 지금 힘들어하는 사람들을 같은 눈높이에서 이해하고 공감할 수 있기 때문이지요.

삶의 모든 경험은 소중한 자산이 될 수 있다는 것인데, 성공했다면 남을 쉽게 도울 수 있겠고, 실패했다면 공감의 힘으로 남을 도울 수도 있겠습니다.

자신이 실패했던 경험과 상처가 오히려 남을 돕는 데 쓰일 수 있고, 그 과정에서 자신도 치유 받을 수 있다는 의미이지요.

살면서 겪는 모든 일은 모두 좋은 경험이고,
어떤 인연이든 결국은 좋은 관계의 재료가 될 수 있겠습니다.

백제의 꿈이 서린

익산 미륵사지

  미륵사지는 익산 미륵산 아래 있는 동아시아 최대 규모의 백제시대 절터
가 되겠다. 백제 무왕 부부가 사자사에 가던 중 산 밑의 연못에서 미륵삼
존이 나타나, 왕비의 부탁에 따라 연못을 메우고 탑·금당·회랑을 세웠다
는 설화가 전해진다. 이를 통해 미륵사는 국력을 모은 국가적인 사찰이었
고, 미륵이 내려와 만인을 구제한다는 불경에 따라 건물을 배치했음을 알
수 있다. 건립 시기는 무왕 때인 7세기 초로 추정되며, 임진왜란을 전후에
폐사된 것으로 보인다. 미륵신앙을 재현한 백제 무왕의 노림수인 미륵사는
신라 정벌의 전초기지가 되었다. 특유의 아름다움을 간직한 미륵사지 9층
석탑은 쇠퇴한 백제를 일으키기 위한 무왕의 굳건한 의지의 표현이기도 하
다.

당간지주

설레는 유적여행

미륵사지 9층석탑

미륵사지 석물

　미륵사지9층석탑은 1500년 전 만들어진 우리나라에서 가장 오래되고 가장 큰 석탑이며 목탑 양식으로 지었다.

　석탑은 절반 이상 붕괴되어 6층 일부까지만 남아있고 9층 정도로 추정된다.

누구나 평등한 삶과 모든 백성의 구원을 염원하며 만들어진 미륵사는
백제인들의 신념의 결정체라 할 수 있겠다.

무왕이 꿈꾼 도시, 백제 최후의 궁궐

익산 왕궁리

백제 무왕시대의 왕궁리 유적이 되겠다. 미륵사와 멀리 떨어져 있지 않은 이곳은 정확히 어떤 곳이었는지는 알려지지 않았지만, 발굴 조사 결과 백제시대에 궁궐로 사용되었고, 후에 사찰로 바뀌었다가 폐허가 된 것으로 추정하겠다. 현재는 왕궁터와 5층석탑만 남아있다.

무왕을 위로하는 5층석탑

왕궁리 유적은 광활한 땅에 5층석탑이 홀로 서 있어 예로부터 범상치 않은 곳이라고 여겨졌지만, 조성 시기에 대해 여러 주장이 있다. 연구 결과로 백제의 궁궐이 있었던 것은 확실해 보이고, 근처의 미륵사지·제석사지·익산토성·미륵산성 등의 유적이 있어서 백제 무왕의 왕궁이었다는 주장이 유력하다. 그러나 발굴이 끝나지 않아 여러 가지 의문은 남아있겠다.

설레는 유적여행

가끔은 밥보다 책

오래전부터 이야기 듣는 것을 좋아하고, 듣고 나서 상상으로 만들어진
나만의 생각을 사람들에게 이야기하는 것을 좋아했습니다.

물론 지금은 어릴 때 비해서 좀 더 세련되게 생각을 다듬어 보려는 경향
이 있지요. 뭐든 자주, 즐겁게 하면 늘 수밖에 없겠습니다.

대학 시절에 가끔 빈 교실의 흑판을 보면 장난기가 발동했는데, 이런저
런 얘기들을 나만의 생각으로 쓰고 놀았던 기억이 있지요.

주위 친구들이 내 이야기에 관심을 가지고 듣거나 공감하는 느낌이 들
때면 즐거워했던 기억이 되겠습니다.

"나의 이런 이야기가 돈이 되나. 이러면 거지꼴 못 면하는데?"

그러나 듣기·상상하기·글쓰기는 나이 들어서도 일상이 되었지요.

세상은 정보혁명이 급속히 진행되고 있지만, 나는 여전히 사람 사는 이
야기에 관심이 많습니다. 하나 좋은 것은, 나의 말이 이야기에 불과하다는
것을 알기 때문에 조금은 겸손할 수 있다는 점이지요.

잠 못 드는 새벽에 읽었던 책에도 과학과 역사가 문학적으로 잘 버무려진
글이 많지요. 가끔은 밥보다 책이 좋을 때가 있겠습니다.

좋은 친구

눈물과 웃음은 짝이라고 하겠습니다.

눈물 콧물로 얘기를 쏟아내고 나면 멋쩍어하거나 맑은 미소도 지을 수 있고, 문제가 된 일은 그 뒤에 차근차근 풀어나가면 되지요.

감정과 이성도 짝이기 때문이겠습니다.

누가 누구를 치유하거나 개종시킨다는 것은 현실에서는 성립하기 어렵지요. 그냥 있는 그대로 들어주고 공감해 주면서 가끔 장단을 맞춰 주는 것만으로도 친절을 다한 것이 될 수 있겠습니다.

상대가 요청하기 전까지 가급적 조언은 삼가는 것이

힘겨운 상대를 배려하는 자세라고 하겠지요.

북장단을 맞추는 고수의 추임새와 함께 판소리 한판을 신명 나게 부르고 나면 상대가 알아서 풀어내겠습니다.

좋은 친구는 그런 식으로 서로를 돕고 연대하는 관계이지요.

부여 궁남지

궁남지는 신라 선화공주와 결혼한 무왕의 서동요 전설이 깃든 백제시대에 조성된 우리나라에서 가장 오래된 궁궐 연못이다. 『삼국사기』에 의해 백제 무왕 때 궁궐 남쪽에 만든 것이라 하여 궁남지라고 하겠다. 백제 법왕의 시녀가 궁남지에 홀로 살던 용신과 정을 통하여 무왕(서동)을 낳았다고 기록되어 있고, 백제가 멸망한 뒤에는 훼손되어 연못 주변은 농지로 이용되었다. 현재 연못 주변에는 우물과 몇 개의 주춧돌이 남아 있고, 백제의 조경 수준을 엿볼 수 있는 가치 있는 유적이다.

포룡정

못 가운데 섬을 만들어 신선사상을 표현한 궁남지는 인공정원으로 백제가 삼국 중에서도 정원을 꾸미는 기술이 뛰어났음을 엿볼 수 있겠다.

서산 마애여래삼존상(국보)

서산 마애여래삼존상은 법화경의 석가불·미륵보살·제화갈라보살을 표현한 걸작 불상이다. 법화경이 백제 사회에 유행한 사실을 입증해 주는 중요한 사적 자료로서 백제 불교 역사와 사상 연구에 중요한 가치를 지닌다. 불상들이 모두 입가에 오묘한 미소를 머금어 흔히 '백제의 미소'라고 하겠다.

전설에 의하면 담징의 제자 석공 원효는 불상에 스스로 눈을 찌른 뒤 부처님의 자비로운 미소를 남기고 죽음을 택했다.

"부처님의 가르침은 만물에 있으니
바위에 새긴 것은 단지 그림자일 뿐이로다
진정한 불상은 마음속에 있나니."
《석공 원효》

설레는 유적여행

평정심

문제가 생겼을 때, 몇 번 생각해도 답을 찾지 못한다면
그냥 생각하지 않는 편이 낫겠습니다.

미련이 남는다면
그나마 육체적·심리적인 것을 감안하여 가장 편한 것을 택한 후,
당분간은 생각 없이 밀고 가는 편이 좋은 해결책이 될 수 있지요.

생각하면 할수록 답이 안 나오는 문제는
그런 생각에 소진되는 에너지라도 아낄 필요가 있겠습니다.

생각에 뒤따르는 불쾌한 감정이라도 덜 느끼는 것이
나를 보호하는 지혜이지요.

그렇게 시간을 보내 다 보면 이제 좀 답이 보이는 순간,
다른 선택이 이뤄지는 시간이 오겠습니다.

삶의 모든 순간마다 평정심을 찾는 것은
여전히 어려운 숙제이지요.

긍정적인 생각

이왕이면 긍정적으로 생각하는 것이 좋겠습니다.

생각이 부정적인 결론으로 가는 과정은 교묘한 속성이 있지요.

나의 성격적 약점과 과거의 잘못, 그리고 아직 극복하지 못한 욕망이라는 부정할 수 없는 사실이 생각의 재료로 사용되는 순간 이미 결론은 정해지겠습니다.

여기에 비관을 현실로 착각하면 좋은 결과로 끝날 수가 없지요.

좋은 결과란 긍정이나 부정이 아니라, 나의 편견이나 왜곡이 최소화된 결과를 의미하겠습니다.

하지만 기왕이면 긍정적인 생각이 좋겠는데, 누구든 너무 부정적으로 어두워지면 생명력이 약해지기 때문이지요.

가급적 긍정적으로 생각하며 살아야 하는 이유가 되겠습니다.

"수많은 어려움에도 불구하고 살아있고, 살아간다는 것,
그 자체가 대단하지 않나?"

어찌 되었든 내가 하는 대부분의 생각은 편견과 왜곡을 포함하기 때문에 별 도움이 되지 않는다는 사실을 아는 것이 중요하지요.

삶은 아무것도 아니거나, 아니면 삶 그 자체가 모든 것이고,

에너지를 소진시키는 부질없는 생각만 빠져주면 되겠습니다.

신라 천년의 고도

경주역사유적지구

경주역사유적지구는 신라 천년의 고도인 경주의 역사와 문화가 잘 보존되어 있고, 유적의 밀집도, 다양성이 뛰어난 유적으로 평가되고 있다. 2000년 유네스코 세계문화유산으로 등재된 경주역사유적지구는 신라의 역사와 문화를 잘 파악할 수 있을 만큼 다양한 유산이 산재한 종합역사지구로서 그 성격에 따라 5개 지구로 나누어져 있다. 불교미술의 보고인 남산지구·천년 왕조의 궁궐터 월성지구·신라 왕을 비롯한 고분군 분포 지역인 대능원지구·신라불교의 정수인 황룡사지구·왕경 방어시설의 핵심인 산성지구로 구분되어 있고, 52개의 지정문화재가 유네스코 세계문화유산지역에 포함되어 있다.

불국사와 석굴암

경주 불국사는 속세에 불국정토를 건설하겠다는 통일신라의 꿈을 드러내는 건축물로, 불국정토에서 유래한 호국 사찰이다. 황룡사가 거대하다면 불국사는 치밀한 구성과 아름다움을 갖춘 사찰이다. 신라전성기와 고려시대에는 건물만 80종 2천여 칸으로, 지금의 8배 규모의 대사찰이었다. 세월을 거치면서 파괴되고 복원되는 우여곡절을 겪으면서 규모가 줄어들었다. 중수와 관련한 삼국유사에 기록된 김대성 설화가 유명하다. 당시 김대성이 재상급인 것으로 보아 고위 귀족이 중수하면서 규모가 상당히 확대된 것으로 보인다. 여러 부분에서 통일신라의 정형화된 양식이 보이기 때문에 통일신라의 대표적인 건축물이라고 할 수 있겠다.

청운교 · 백운교

불국정토로 들어가기 위해 건너는 다리이다. 윗부분이 청운교, 아랫부분이 백운교이다. 두 다리를 거쳐 자하문에 들어서면 대웅전·석가탑·다보탑이 나오며 속박을 떠나서 부처님의 세계인 불국정토에 들어섬을 의미한다.

연화교 · 칠보교

극락전으로 향하는 안양문과 연결된 다리로, 세속 사람들이 밟는 다리가 아니라, 서방 극락세계의 깨달은 사람만이 오르내리던 다리라는 의미가 있다. 청운교·백운교보다 규모가 작을 뿐 구조나 구성형식 등은 비슷하다. 이 다리만의 독특한 특징은 연화교의 층계마다 연꽃잎을 도드라지게 새겨 놓았다는 점이 되겠다.

다보탑과 석가탑(국보)

　다보탑은 다보여래가 탑 안에 앉았음을 표현한 탑으로 복잡한 구조를 돌로 표현한 뛰어난 걸작품이다.

　석가탑은 석가여래가 탑 안에 앉았다는 불경을 담은 탑이고, 전형적인 통일신라의 석탑으로 세련미가 돋보이는 탑이다. 2층 몸돌에서 세계에서 가장 오래된 목판인쇄물 『무구정광대다라니경』이 발견되어 더욱 가치 있는 탑이 되었고, 국립중앙박물관에 보관되어 있다.

설레는 유적여행

    김대성이 전생의 부모를 모시기 위해 석굴암을 만들었고, 현생의 부모를 모시기 위해 불국사를 창건했다는 일화로 유명하다. 그러나 불국사는 규모가 큰 사찰이기에 김대성 혼자서 건설했다기보다는, 신라 국가 차원에서 리모델링을 해오다가 중수를 김대성이 했다고 보는 견해가 설득력이 있겠다.

석굴암

    토함산에 있는 통일신라의 김대성이 창건한 암자이다. 김대성 개인에서 시작되었지만, 신라를 수호하려는 국가 사찰로 경영되었다.

종교·미술·건축을 아우르는 신라 최고의 걸작!

석굴암 보존불(국보)

　자연석으로 만든 인공석굴 구조에 불상을 중심으로 정교한 계산 속에 배치된 아름다운 불상은 완벽한 불교의 나라인 불국정토를 표현했다. 종교성과 예술성에서 우리 조상이 남긴 가장 탁월한 작품이자 전 세계에 빛나는 문화유산이라고 하겠다.

•• 설레는 유적여행 ••

근심 걱정

동물들은 대부분 위험하면 일단 도망가고 보는데, 생존을 위한 가장 효과적인 대응으로 볼 수 있겠습니다. 다만 어류 같은 경우는 무리를 이루어 덩치가 큰 것처럼 보이게 하기도 하고, 좁은 바위틈에 숨어서 피하기도 하고, 파충류는 죽은 듯이 얼어 붙어버리지요.

포유류는 어류처럼 함께 모이기도 하고, 서로의 체온을 나누어 추위를 피하기도 하겠습니다. 이렇게 안정이 되면 전두엽의 기능으로 해결책을 찾아내지요.

"만물의 영장인 우리는 어떤가?"

인간의 지혜는 한마디로 대단하다고 단언할 수 있겠는데, 침착하게 하고 진정하게 한 다음, 상황을 분석하고 답을 찾아내고, 서로 협력하여 문제를 해결해 내겠습니다. 더 나아가 문제에 대한 답을 넘어 문제를 아예 해체해 버리기까지 하지요.

그 방법의 핵심은 인간만이 가진 뛰어난 통찰력에 있겠습니다.

살면서 직면하는 많은 문제가 나의 착각에서 비롯된 것임을 알면, 끓어오르는 감정 때문에 낭비되는 많은 에너지를 절약할 수 있지요.

이쯤 되면 삶에 대한 근심 걱정을 좀 내려놔도 괜찮겠습니다.

화양연화

청춘 때 자주 만났고 만날 때면 늘 취하도록 술을 나눴던 인연들이 있겠습니다. 가끔 소식이 궁금해 연락하면 몸이 여기저기 아프다는 사람들이 많지요. 술자리는 물론 만남도 부담스러운 느낌, 이렇게 세월은 야속하게 지나가겠습니다.

화양연화라 했던가!

좋았던 시절은 꽃처럼 지고, 지금 만나지 않으면 그다음은 없겠다는 조급한 생각까지 들지요. 청춘 때는 그런 생각을 전혀 하지 않았고, 못 봤다면 바쁘거나 다른 일에 더 큰 관심이 생겨서 못 본 것이었는데 지금은 다르겠습니다.

물론 청춘 때처럼 그렇게 만나기란 쉽지 않다는 것 잘 알고 있지요. 늘 다니던 곳도 어느 날부터 기억 속에서 봐야 하고, 좋아하던 술도 입만 적시고 내려놓아야 하는 슬픈 현실이 되겠습니다.
나와 청춘을 함께했던 누구든, 뭐라도 준비해서 시간을 만들어야겠지요. 현재 상황이 달라졌다면 다른 방식으로 만나면 되겠습니다.

그 만남도 언제까지 만날 수 있을지 모르는 것이 인생이고,
볼 사람은 보고 기억할 사람은 기억하며 살면 되지요.

감은사지·문무대왕릉

문무왕이 불력으로 왜구를 물리치고자 절을 짓기 시작하여, 아들 신문왕이 완공시켰다. 삼국유사에는 '왕께서 왜군을 진압하려고 절을 짓기 시작하셨지만 마치지 못하고 세상을 떠나 바다의 용이 되셨다. 아드님이신 신문왕께서 왕위에 오른 해에 공사를 마쳤고, 유언에 따라 뼈를 보관한 곳이므로, 대왕암이라고 불렀고 절은 감은사라고 하였다.'라고 기록되어 있다.

감은사지3층석탑

감은사지 금당터

　문무대왕릉이 있는 바다와 물길이 이어지게 만든 구조로 금당 돌계단 아래에 동쪽을 향해 구멍을 뚫어두었고, 용이 들어와 돌아다니게 하려고 마련했다. 신라를 사랑한 문무왕, 그런 아버지를 사랑한 신문왕의 아름다운 이야기가 스며있는 감은사라고 하겠다.

·· 설레는 유적여행 ··

문무대왕 수중왕릉

경주 감포에 있는 통일신라 제30대 문무왕의 수중왕릉으로 '대왕암'이라고
도 불리며 해변에서 200m 떨어진 바다에 있다. 문무왕은 삼국통일을 완수
한 위대한 업적을 남긴 군주로 그가 승하하자, 그의 유언에 따라 화장한 뒤
동해에 묻었다. 용이 되어 동해로 침입하는 왜구를 막겠다는 뜻에 따라 화장
한 유골을 동해의 입구에 있는 큰 바위 위에 장사 지내고 이 바위를 대왕암
이라 부르게 되었다.

번뇌를 대하는 자세

살면서 겪는 통증·배고픔·상심 같은 것을 고통이라고 하겠습니다. 특히 마음이 겪는 고통을 번뇌라고 하지요. 고통스러운 상황을 싫어하면서 마음으로도 받아들이지 못하는 것이 번뇌가 되겠습니다.

살다 보면 받아들이고 삭이기 어려운 폭풍 같은 시련도 오기 마련이지만, 이런 시련을 받아들이지 못하는 내 마음은 두 번째 고통으로 추가된 것이라고 할 수 있지요. 마침내 마음이 크고 작은 상처를 입게 되고, 굳게 닫히면서 죽음을 맞이하겠습니다.

그래서 고통에서 번뇌로 넘어가는 것을 경계할 필요가 있지요.

그저 좋은 일은 만끽하고 안 좋은 일은 조금 집중해 보는 것이 중요하겠습니다. 고통이 번뇌가 되어버리는 것은 역설적으로 더 나아지기를 원하는 마음 때문이지요. 시도 때도 없이 닥쳐오는 삶의 고통은 내 마음과 같을 수가 없고, 이런 내 마음 같지 않은 것 또한 괴로움이라고 하겠습니다.

기뻐하고 즐거워하는 것만큼이나 슬퍼하고 아파하는 것도, 내가 살아있다는 생생한 증거이지요. 어떤 감정도 부정하지 않고 내버려 두는 것, 붙잡아 두지 않는 것이 지혜라고 하겠습니다.

인생 걷기

　나이와 함께 사라져가는 것들을 살피다 보면 비애감을 넘어 황망함을 느끼겠습니다. 그러나 잃는 것만 쳐다보다가 삶의 새로운 선물을 알아보지 못하게 되는 것이 더 큰 문제이지요.

　온몸의 근육은 조금씩 빠져나가고, 나름의 운동을 열심히 해도 세월 앞에 몸이 무너져 가는 형국을 어찌할 수는 없겠습니다.

　이런 부질없는 한탄 대신 그래도 할 수 있는 일이 있다면, 남아있는 근육이라도 잘 쓰는 것이 우선이고, 여러 가지 근육의 협응력을 키워보는 것이지요. 운동은 근육뿐만 아니라 신경계와도 연결되어 있으니, 둘의 협응력을 키우는 것이 무엇보다 중요하겠습니다.

　특히 걷기는 뇌를 단련시킬 수 있는 핵심 운동이 된다는 연구 결과가 있으니, 나 같은 기저질환자들에게는 중요한 치유의 수단이 되지요. 약해진 다리를 위해 웨이트를 하고, 단백질을 먹으며 열심히 땀 흘리는 것이 좋다는 것을 잘 알고 있겠습니다.

　그럴 형편이 안 된다면 걷기부터 시작하는 것이 가성비 갑이지요.

　잘 걷는다는 것은 녹슬어 가고 있는 근육들을 깨우는 일이고, 그것들을 협응시켜 노래하게 하는 일이 되겠습니다.

　내 몸에서 사라진 것은 잊어버리고 남아있는 것으로 가능성을 열어서 그것을 바로 실천하는 것이 성숙이지요.

　나머지 인생은 거기서 거기가 아니라 걷기에서 걷기라고 할 수 있고, 그래서 인생 걷기가 되겠습니다.

경주 남산

남산에 오르지 않고서는 경주를 보았다고 말할 수 없다. 자연의 미에 담은 신라인들의 불교에 대한 믿음과 사랑을 예술로 승화시킨 곳이 바로 '남산유적지구'라고 하겠다. 남산은 경주 남쪽에 솟은 산으로 신라인들의 불교 신앙의 성지이다. 40여 개의 계곡과 산줄기들로 이루어진 남산은 남북으로 길게 뻗은 타원형이면서 약간 남쪽으로 치우친 직삼각형 모습을 하고 있다. 100여 곳의 절터, 80여 구의 석불, 60여 기의 석탑이 남아있는 신라 천년 노천박물관 그 자체다.

설레는 유적여행

극적인 아름다움을 간직한 남산의 유일한 국보!

　남산 칠불암 마애불상군이다. 남산 칠불암에 있는 남북국시대 신라의 마애불상군으로 암벽에 삼존불상이 있고 그 앞에 사방불이 있다. 삼존불은 모두 당당한 체구와 높은 조각기법을 보여 석굴암과 비슷한 시기의 작품으로 추정하겠다. 남산의 많은 불상 중 대표적인 마애불상군으로 모두 일곱 구로 구성되어 있다. 삼존불의 화려한 연꽃 위에 앉아 있는 본존불은 미소가 가득 담긴 얼굴과 당당한 자세를 통해 자비로운 부처님의 힘을 드러내고 있다.

남산 신선암 마애보살반가상

남산 최고의 석공예품으로 어깨에 연꽃 송이가 있는 유일한 불상이다. 칠불암 위 절벽 면에 조각되어 있고 남산 유일의 반가상이기도 하겠다. 지그시 감은 두 눈은 수심에 잠긴 모습으로 구름 위의 세계에서 중생을 살펴보고 있는 듯하다. 오른손에는 꽃을 잡고 있으며, 왼손은 가슴까지 들어 올려서 설법하는 모양을 표현하고 있는 것이 눈여겨 볼만하다.

계곡 옆에 묻혀있던 것을 옮겨 놓았지만, 마멸이 없고, 옷 매듭이 생생하여 사실적이다. 머리와 두 손이 손실된 것이 아쉽다.

삼릉계곡 석조여래좌상

삼릉계곡 마애관음보살상

남산 삼릉계곡 돌기둥 같은 암벽에 도드라지게 새긴 불상이다. 연꽃무늬 대좌 위에 서 있는 관음보살상으로 관을 쓰고, 미소 띤 얼굴은 부처의 자비스러움이 잘 표현되어 있다. 불상 뒷면에는 기둥 모양의 바위가 광배 역할을 하고 있는데, 자연미에 인공미를 더한 것이 조화롭다.

설레는 유적여행

삼릉계곡 석조여래좌상

남산 삼릉계곡의 능선 위에 있는, 통일신라시대에 만들어진 석조 여래좌상으로 골짜기에 떨어지고, 쓰러져 있던 것을 보수한 불상이다. 얼굴은 원만하며 귀는 짧게 표현되었고, 왼쪽 어깨에만 걸쳐 입은 옷의 주름 선이 아름다우며 앉은 자세가 안정감이 있다.

삼릉계곡 선각육존불

자연 암벽에 마애삼존상을 선으로 조각한 6존상으로, 조각기법이 정교하여 선각마애불 중에서는 으뜸으로 꼽히고 있다. 좌측 돌출된 바위에 새겨진 삼존불은 무릎을 꿇고 쟁반을 받쳐 들어 꽃 공양을 하는 모습을 표현하였다. 본존불입상은 얼굴이 둥글고 신체도 풍만한 곡선으로 처리되었고, 불상들이 머리와 몸체의 적당한 비례감이 돋보인다.

열암곡 석불좌상

남산 열암곡(새갓곡)의 절터에서 발견된 석불좌상으로, 파손되어 주변에 흩어져 있던 것을 복원시킨 모습이다. 어깨를 덮은 옷은 몸의 굴곡이 드러날 정도로 얇게 표현하였고, 얕게 새긴 옷 주름으로 풍부한 부피감을 표현하였다. 기법이 석굴암 불상과 비슷하여 신라 통일기의 불상으로 추정하겠다.

5㎝의 기적! 열암곡 마애불상

이 마애불상은 앞으로 넘어져 있어서 세상을 놀라게 한 불상이다. 경주 문화재연구소에 의해 발견되었고, 머리와 바위가 5㎝가량 떨어진 채 40도 경사로 넘어져 있다. 틈새로 보이는 볼륨 있는 얼굴, 날카로운 눈매, 도톰한 입술이 온전하여 세상을 놀라게 하였다. 프랑스 르몽드지도 5㎝의 기적이라며 기사화했다. 조선시대 때 큰 지진에 의해 넘어진 것으로 추정된다.

굴불사지 석조사면불상

　경주 굴불사 터에 있는 바위 불상으로 약 3m 높이의 바위 네 면에 불상이 조각되어 있어서 사방석불이라 부른다. 이 사면불의 서쪽은 서방 극락세계의 아미타삼존불·동쪽은 약사여래불·북쪽은 미륵불·남쪽은 석가모니불을 새긴 사방불이다. 불상 조각에 있어 입체·음각과 양각·좌상과 입상 표현을 다양하게 연출하였다. 기법 자체에 특색이 있고 부드러우면서 생동감 있는 형태를 볼 때 통일신라 초기의 특징을 잘 보여준다고 하겠다.

설레는 유적여행

삶의 완전 연소

차를 10년 정도 탈 때까지는 별일이 없다가 이후부터 고칠 곳이 많아지고, 떠날 날이 얼마 남지 않았음을 예감할 수 있겠습니다.

그동안 자동차와 정이 든 것은 물론, 함께한 세월과 희로애락의 삶이 차 속에서 일어났지요. 나에게 차는 영국인의 뒤뜰 사랑처럼, 나만의 공간이면서 정체성의 일부라고 하겠습니다. 그러나 이야기에는 결말이 있듯, 자동차가 나를 떠난다는 것은 새삼스러울 뿐이지요.

우리 몸도 길어야 100년 정도 사용하는 물건이고, 그 속에 온갖 번뇌를 모두 겪으며 함께한 내 몸이 찐 친구라고 하겠습니다.

그런 내 몸도 노화를 겪으며 어르고 달래면서 갈 데까지 가다가, 작별할 때가 온다는 것을 잘 알지요. 육십을 넘다 보니 그런 작별 소식을 자주 듣겠습니다. 직면한 현실이고 예외는 없지요.

노화와 죽음은 낮과 밤처럼 자연스러운 일인데 내 마음이 못내 아쉬울 뿐이겠습니다. 청춘 땐 무시해도 될 정도로 생명력이 넘쳤는데 나이가 들면서 몸이 말을 걸어 오지요.

"이젠 몸인 나도 옛날 같지 않아!"

세상일에만 치닫던 나는 몸 안으로 눈길을 줄 수밖에 없겠습니다. 시간이 닫는 문에 몸이 닫는 문까지 늘어나는 중이니, 어쩔 수 없이 친구처럼 친해질 수밖에 없지요. 그나마 친구가 좋은 것은 나를 비춰주는 거울이기 때문이겠습니다.

몸·정신·영혼과 대화할 때가 정해진 것은 아니지만 나이가 들면서 자연스럽게 얘기를 시작하는 계기가 된 것뿐이지요. 언제나 지금이 중요하고, 열심히 산 하루의 노을, 밤과 잠으로 이어지는 일상이 소소한 행복이기 때문이겠습니다. 삶의 완전 연소!

기계든 몸이든 모든 변화는 자연스러운 현상이지요.

설레는 유적여행

배독 능력

청소를 하다 보면, 어디서 그 많은 먼지와 찌든 때가 나오는지 모를 때가 있지요. 그러나 보이지 않는 곳, 묵은 때는 평소에 드러나지 않았을 뿐이겠습니다. 삶의 문제도 우리는 문제를 해결하기보다 그냥 그럭저럭 살아갈 수 있기를 바라는 경향이 있지요.

"병의 뿌리는 두고 증상만 달래는 것은 아닐까?"
소화되지 않은 감정을 깊숙하게 묻어두고서 기분을 전환하며 그것을 힐링이라 하고, 이쪽 쓰레기를 저쪽으로 옮겨 놓는 것을 청소라고 착각하면서 살겠습니다. 일정 부분 이해는 되지만 문제의 뿌리를 뽑든 못 뽑든, 상관없이 우리는 하루하루를 살아가지요.
본질적인 문제와 다투는 일에는 큰 에너지가 필요하다는 것을 경험으로 잘 알기 때문이겠습니다.

그러나 우리에겐 그만한 에너지가 없고 시간은 더욱 없지요.
이겨내고자 한다면 문제를 찬찬히 살펴봐야 하고, 혁신하려는 노력을 포기하면 안 되겠습니다. 유방이 항우에게 처참하게 당했지만 결국 한 번의 승리로 세상을 얻었듯이.
나이가 들수록 몸도 마음도 단단히 묶어 두는 데 익숙해져 가지요. 그래서 즉시 뱉어내는 배독 능력을 회복하는 것이 중요하겠습니다. 어린아이가 되지 않으면 계속 어렵게 살 수밖에 없기 때문이지요.

월성지구

신라왕궁이 자리하고 있던 월성, 신라 김씨왕조의 시조인 김알지가 태어난 계림, 신라통일기에 조영한 임해전지, 그리고 동양 최고의 천문시설인 첨성대, 동궁과 월지 등이 있는 역사유적지구가 되겠다.

월성

월성은 신라의 왕성으로 축성되어 신라가 망할 때까지 궁궐이 있었던 곳으로 지형이 초승달처럼 생겼다 하여 '월성'이라 불렸다. 근래에 성 주위의 해자가 복원되어 당시의 상황을 재현하였다.

설레는 유적여행

월성은 돌과 흙을 섞어 쌓은 토석 축성으로, 동으로 동궁과 월지로 연결되고 북으로는 첨성대가 있으며 남으로는 남천의 시내가 하나의 방위선 역할도 하는 구조로 되어 있겠다.

석빙고

얼음을 보관하던 창고로, 월성 안의 북쪽 성루 위에 자리하고 있다. 출입구를 들어가면 계단을 통하여 밑으로 내려가게 되어 있겠다. 조선 영조 때 나무로 된 빙고를 돌로 축조하였고, 서쪽에서 지금의 위치로 옮겼다는 기록이 있어 이때의 것으로 추정된다.

안으로 들어갈수록 바닥은 경사를 지어 물이 흘러 배수가 될 수 있는 구조이다. 지붕은 반원형이며 3곳에 환기통을 마련하여 바깥공기와 통하게 하였다. 조선 후기에도 석빙고들이 축조되었으나, 규모나 기법에서 이곳 경주 석빙고가 가장 걸작으로 꼽힌다.

석빙고 내부

첨성대(국보) 가장 오래된 천문대

첨성대는 신라 제27대 선덕여왕 때 축조된 천문 관측시설로 1300년간 신라의 하늘을 바쳐온 현존하는 가장 오래된 천문대이다. 기단부 위에 호리병 모양의 원통부를 올리고 정(井)자형의 정상부를 얹은 모습으로 높이는 약 9m이다. 원통부는 27단을 쌓았고, 남동쪽으로 난 창을 중심으로 아래쪽은 막돌로 채웠으며 위쪽은 정상까지 뚫려 있다. 위는 둥글고 아래는 네모진 모양은 하늘과 땅을 의미한다. 362~366개의 몸통 돌은 1년, 27단의 돌단은 27대 선덕여왕, 꼭대기까지 29단~30단은 음력 한 달을 뜻한다. 창문을 기준으로 위쪽 12단과 아래쪽 12단은 1년 12달, 24절기를 나타낸다. 하늘의 움직임을 계산해 농사 시기를 정하고, 나라의 길흉을 점치는 용도로도 활용되었다. 적의 침입을 살피는 망루 역할을 한 곳이라는 설도 있겠다.

동궁과 월지

신라 왕궁의 별궁으로 왕자가 거처하던 동궁이면서, 경사나 귀한 손님을 맞을 때 연회를 베푼 장소가 되겠다. 예전엔 안압지로 불렸으나, 달이 비치는 연못이라는 '월지'라는 글자가 새겨진 토기 파편이 발굴되면서 '동궁과 월지'라는 명칭으로 변경되었다. 바다를 표현한 연지와 3만 점의 유물이 출토된 신라의 문화와 역사가 담긴 아름다운 정원 유적이다.

신라는 삼국통일 후 문무왕 때 큰 연못을 파고 못 가운데에 3개의 섬과 못의 북·동쪽으로 12봉우리의 산을 만들었다. 여기에 아름다운 꽃과 나무를 심고 진귀한 새와 짐승을 길렀으며, 태자가 용왕께 제사를 지내고 신라의 번영을 기원한 곳이기도 하다. 최고의 정원 예술품으로 손색이 없겠다.

월정교

경주시 교동에 있는 통일신라시대의 초호화 지붕 다리로, 유실된 것을 고증을 거쳐 복원하였다. 신라 경덕왕 때 축조된 기록이 있고 월성과 남산을 연결하는 역할을 한 교량이 되겠다. 특히 월정교는 요석공주와 원효의 사랑 이야기를 담고 있는 것으로도 잘 알려져 있다. 월정교는 지붕을 덮은 나무다리로 그 아름다움과 화려함이 신라의 풍요로웠던 시대의 단면을 보여주기에 부족함이 없다. 경주시의 핵심 유적 복원 정비사업 중에서 첫 번째로 완성된 월정교 복원 사업은 이후 진행될 황룡사·신라왕궁·쪽샘지구 등의 다른 유적지 복원 공사에도 많은 참고가 된다고 하겠다.

설레는 유적여행

음미하는 삶

청춘 때는 좀 더 새로운 것이나 색다른 것들을 보고 경험하며 살고 싶은 욕망이 많이 있었지만, 나이 들어서는 새롭거나 다르게 보이는 것들에 감탄하겠습니다.

너무나 많은 경험들이 나를 그냥 지나쳐 갔음을 알아차렸다면 이제는 되새김의 삶이 필요한 때가 된 것이지요.

그저 목으로 마셔 넘기는 삶에 치중하지 않고 코끝으로도 향을 느끼며, 입 속에 오래 머금고 음미하는 삶이 중요한 나이가 되었다고 하겠습니다.

내 것에 대한 집착

세상의 모든 것은, 조건에 따라 만들어지고 소멸되겠습니다.
여기에는 우리의 삶도 예외일 수 없지요.

인생살이가 무상함을 깨닫기 전에는 무슨 수를 써도 크고 작은 번뇌를
피할 수가 없겠습니다. 그러니 삶에 대해서 가볍게 하는 자세가 필요하지
요. 내 생각과 내 것에 대한 집착이 번뇌의 원인인 것은 변할 수 없겠습니
다.

산 정상에 올라가는 길은 두 가지.
하나는 골짜기를 따라 오르는 것이고, 욕망으로부터 멀리 떨어져 나오는
자유의 길이지요. 다른 하나는 능선을 따라 올라가는 것이고, 파노라마처
럼 펼쳐지는 눈앞의 세상과 그에 따른 희로애락의 공허함을 알아차려서 평
안에 이르는 길이 되겠습니다.

어떤 길도 좋고 나쁨이란 없지요.
산 정상에 오르면 되는 일이고,
두 바퀴처럼 같이 갈 수도 있겠습니다.

"사심이 없어서 찐득하지 않고, 의도가 없어서 단순하다."
음미할 만한 말이지요.

설레는 유적여행

대릉원

신라의 왕과 왕비 등 최고 지배계급의 무덤군이 있는 지역으로 신라문화의 정수를 보여주는 금관, 천마도 등 귀중한 유물들이 다수 출토된 지역이다.

미추왕릉

경주 황남동 대릉원 내에 있는 신라 시조인 김알지의 7대손인 제13대 미추왕의 능으로 김씨 중 최초로 왕위에 올랐던 인물의 무덤이라는 것에 의미가 있겠다. 내부는 돌무지덧널무덤 구조로 추정된다.

황남대총

경주시 황남동 일대의 신라 왕족의 것으로 추정되는 돌무지덧널무덤·쌍무덤 형태의 능이다. 황남대총은 문화유산위원회에서 붙여진 별칭으로 황남동에 소재한 신라 최대의 고분이라는 의미를 담고 있다.

천마총

신라 22대 지증왕의 능으로 추정되는 천마총은 신라시대의 대표적 돌무지덧널무덤으로 밑둘레 157m, 높이 12.7m 되는 비교적 큰 무덤이다.

천마도(국보)

유물 중에 순백의 천마 한 마리가 하늘로 날아 올라가는 그림이 그려진, 자작나무 껍질로 만든 천마도가 출토되어 천마총이란 이름이 붙여졌다. '천마가 환생해서 무덤 밖으로 뛰어나온다.' 천마가 거친 숨을 토해내는 것까지 생생하게 묘사되어 있겠다.

황금의 나라 신라 금관 1,200g(순금 약 320돈)

　무덤의 구조는 평지 위에 나무 널과 껴묻거리 상자를 놓고, 바깥에 나무로 짠 덧널을 설치하여 돌덩이를 쌓고 흙으로 덮었다. 국보인 천마도·금관·금모와 1만여 점 이상의 부장품이 출토되었다.

숭배하지 말라

현명하게 살라고 부추기는 것은 문제가 있겠습니다.

여기서 현명하다는 것은 학식과 도덕적인 면을 포함하고 있지요.

기성세대뿐만 아니라 자식 세대들이 경험하고 있는 지식 교육으로는 잘 살아내고, 행복한 삶을 기대하기는 어렵겠습니다.

마치 퍼즐 조각 맞추기 같은 지식만으로는 복잡한 세상을 분별하고, 주어진 일을 야무지게 처리하기가 쉽지 않을 것이라는 생각이지요.

"다양한 스펙을 쌓으면 좋은 기회가 있겠나?"

부모와 자식들이 불안해하는 이유가 되겠습니다.

자식들에게 현명하다는 인증서를 받기 위해 부모들은 자신의 삶을 통째로 던져보지만, 그 집착의 결과가 좋을지는 의문이지요.

"현명함을 숭배하지 않으면 사람들은 서로 싸우지 않을 것이다."

노자의 말을 새겨들을 가치가 있겠습니다.

좋은 머리를 가진 사람은 그냥 둬도 잘 살겠지만, 법과 시스템만 잘 갖추어져 있다면 평범한 사람들도 얼마든지 마음 편히 잘 살 수 있는 것이지요.

무엇에 집착하고 숭배한다는 것은,

자신의 삶에 어두운 그림자를 품는 것과 다르지 않겠습니다.

나이 육십

유튜브에서 누가 치킨이나 짜장면 같은 음식을 맛있게 먹는 것을 보면, 급 침샘이 자극받는 나이가 되었지요. 한 갑자를 살아내면 주관이 뚜렷해지고 좀 더 독립적으로 된다지만, 실제로 몸은 자연의 흐름에 따라 이끌려 가겠습니다.

나이 육십이면 귀가 순해진다는 '이순'이라는 의미도 비틀어 생각해 보면, 어떤 문제에도 까칠하거나 돌직구를 날리지 않는다는 뜻으로 해석할 수 있지요. 그것은 일정 부분 성숙에 따른 결과일 수도 있지만, 결정적으로는 온몸에 힘이 빠져나가서 그렇다고 봐야겠습니다.

무엇이든 해야 하고 성취하기 위해 살려고 욕심을 내면 세상과 끊임없이 싸울 수밖에 없지요. 테스토스테론은 근육과 활력을 일으키는 호르몬인데 이게 줄어드니 속수무책 상태가 되겠습니다.

자연의 섭리는 '반드시 해야 한다!'에서 '할 수도, 안 할 수도 있다!'로 마음가짐이 바뀔 것을 요구하지요. 청춘들이 체력과 능력이 필요하듯이 나이가 들면 힘이 중요한데, 그 힘을 지혜라고 하겠습니다.

지혜란 삶의 에너지를 아끼는 것이고, 차츰차츰 어떤 본질도 없다는 것을 깨닫게 해주지요. 살아온 경험을 되새김질해서 마음을 정화해 나가는 것은 어떤 삶에도 지장을 주지는 않겠습니다.

낮엔 일하고 밤에는 쉬는 것처럼, 나이 육십이 되면 자연스럽게 그런 일을 할 때가 된 것뿐이지요. 여전히 세월은 야속하겠습니다.

황룡사 지구

황룡사 지구는 황룡사지와 분황
사가 있으며, 황룡사는 몽골의 침입
으로 소실되었으나 발굴을 통해 웅
장했던 대사찰의 흔적을 살펴볼 수
있고, 출토된 4만여 점의 유물은 신
라시대를 연구하는 데 귀중한 자료
가 되고 있다.

분황사 모전석탑(국보)

분황사는 선덕여왕 때 건립된 것으로 추정되며 원효대사와 자장율사가 거
쳐 간 사찰로 잘 알려져 있다. 모전석탑은 통일신라 이전에 세운 탑으로 원형
은 몇 층인지 알 수 없으나 현재 3층만 남아있고, 바닷속의 안산암을 다듬어
서 쌓은 것이 특징이다. 1층 탑신 4면에 감실을 만들고 돌문을 달았으며 입구
마다 좌우로 수문장인 금강역사상이 있고, 탑에는 돌사자가 놓여 있다. 특히
금강역사상은 아름답고 입체감이 두드러져 삼국시대 조각기법을 잘 보여주고
있다. 동쪽은 물개, 서쪽은 수사자인데, 동쪽은 바다로 오는 왜구를 막고 서
쪽은 대륙의 오랑캐를 막겠다는 호국의 의지가 담겨 있다.

황룡사지

황룡사는 축구장 50개 면적의 크기, 존재하지 않는 가장 유명한 절로서 경주 최고의 명당자리에 있었다. 황룡사에는 보물 중 하나인 9층 목탑이 있었고 당나라 유학 후 돌아온 자장율사의 건의로 백제의 아비지에 의해 완성된 신라의 상징물이었다. 현재 9층 목탑이 있던 자리에는 탑을 지탱하던 기둥 주춧돌인 심초석이 남아있다. 황룡사지는 불교의 중요한 상징이자 불교문화의 중추적인 역할을 하였고 그 가치와 아름다움은 많은 사람들에게 큰 관심을 받고 있겠다. 왕명으로 진흥왕 때 창건하기 시작하여 선덕여왕 때 9층 탑의 건조까지 모두 완성된 황룡사는 신라의 호국 신앙의 중심이었다.

목탑지

장육상석가삼존상 대좌(문수보살 대좌 · 석가모니 대좌 · 보현보살 대좌)

황룡사9층목탑(모형)

황룡사는 신라시대에 만들어져 고려 때 몽고 침입으로 불타 없어진 사찰이다. 현재는 그 규모를 짐작할 수 있는 터만 남아있고, 불국사의 8배 정도의 대형 사찰로 추정된다. 단순한 절이 아닌 문화적 융성을 상징하는 중요한 건축물로써 정치·문화적 중심지로 자리매김하게 했다. 특히 황룡사의 건립은 신라가 불교국가라는 정체성을 확립하는 데 크게 기여한 사찰이다.

설레는 유적여행

담백하게 살라

유년 시절, 부모님의 고향 하동으로 가는 여객선은 가덕도 부근을 지나면서 롤링이 심했던 기억이 있겠습니다. 뱃멀미 때문에 울렁거림으로 무척 괴로워했던 악몽도 있지요.

진해만을 지날 때쯤이면 멀미도 약간 진정이 되었고, 거제도를 지날 때까지는 남해 바다가 호수 같았던 기억이 있겠습니다. 정신이 좀 들면 배 난간에 기대어 배를 스치며 멀어지는 물결을 보며 멍하니 서 있었지요.

50여 년이 지나서 생각해 보니 마치 삶이 그와 다르지 않음을 알겠습니다. 거센 파도를 가르며 나아가는 항해 같은 느낌이지요. 뱃머리는 거센 물결을 산산조각 내며 미끄러지듯 나아가겠습니다.

너무나 강렬하고 단호해 보이지만, 뒤로 돌아보면 빙하 같았던 물결은 간데없고 하얀 포말만이 긴 꼬리를 만들어 내지요.

"그토록 거센 물결은 어디로 갔나?" 멀어지며 사라지는 물결의 여운은 어린 마음에도 허무해 보였습니다.

우리는 참 치열하게 살아가지요. 서로 경쟁하고, 다투고, 또 어려울 땐 정을 나누기도 하는, 우리의 삶도 거친 물살을 가르는 항해와 특별히 다르지 않겠습니다. 모든 것은 멀어지고, 흩어지고 사라진다는 점에서 항해는 더욱더 삶과 닮았지요.

내가 깨고 나아가려는 것은 얼음이 아니라 그냥 물이었고, 허무하게 흩어져 간 포말도 단지 물일뿐이겠습니다. 물에 불과한 것을 가지고 놀면서 마치 대단한 것처럼 이런저런 의미를 부여하며 사는 것이 우리의 모습이지요.

얼음이라고 생각하든, 물거품이라고 생각하든, 만족스러우면 그뿐이고, 지나친 의미 부여 없이 담백하게 살면 그만이겠습니다.

•• 설레는 유적여행 ••

낙엽의 미덕

　가을의 끝자락에 떨어진 낙엽들은 아름다우면서 너그러운 마음이 있겠습니다.

　초록빛을 잃어버린 것이 아니라 자신의 본색을 찾은 것이라는 정직한 마음이 있고, 떠나야 할 때가 언제이고 누울 자리가 어디인가를 잘 알고 가볍게 비워주는 마음이 담겨 있지요.

　또 가지를 떠나 땅으로 내려놓는 겸허함과 세상 모든 것을 덮어주는 포용심, 한겨울 동안 썩어서 새봄에 기꺼이 거름이 되어주는 희생하는 마음은 덤이겠습니다.

　아름다운 것들은 높이 있지 않음을 깨우쳐 주기 위해 낙엽은 아래로 아래로 내려와 앉지요.

　그래서 낙엽은 큰 사랑을 남기고 떠나가겠습니다.

신라 왕릉

태종무열왕릉

태종무열왕 김춘추는 성골이 아닌 진골 출신이고, 이찬 김용수와 진평왕의 차녀 천명공주 사이에 태어난 아들이다. 국정 전반, 특히 외교 문제에 있어 중요한 역할을 맡아서 진골 출신 최초의 왕이 되었다. 아들들을 등용하여 권력을 강화했고 백제를 멸망시켰지만, 재위 8년 만에 죽으니 나이 59세였다.

비석은 귀부와 비신, 이수로 이뤄지는데, 귀부는 비석 받침돌, 비신은 비문이 적힌 몸통, 이수는 비석의 머리를 뜻한다. 무열왕릉비는 비문이 적힌 비신은 없어졌고, 용을 새긴 이수와 거북이 모양 귀부만 남아있지만, 그것만으로도 신라의 뛰어난 조각 솜씨를 보여주는 걸작 중 하나로 평가되겠다.

태종무열왕릉비(국보)

설레는 유적여행

서악동 고분군

　서악은 신라 오악 중 하나로 고분이 조성된 선도산 일대를 지칭한다. '명당 중 명당'인 서악은 하늘의 뜻과 임금의 의지로 지배되던 고대엔 죽은 왕의 유택 자리로 명당인 이곳이 선택됐을 것으로 추정된다.

법흥왕릉

　신라 제23대 법흥왕은 지증왕의 아들로, 왕손으로서의 훈련을 엄격하게 받은 것으로 알려져 있다. 친구인 이차돈과 함께 학문은 물론 무예도 치열하게 수련했다는 기록이 있다. 불교를 공인하고, 귀족들의 권력을 분산시키는 한편 민심을 얻는 데 주력했다. 왕의 의지를 돕기 위해 친구 이차돈이 목숨을 던져 순교한 일화로 유명하다. 그러나 백성들을 위한 그의 마음도,

친구인 위화랑과 이사부의 배신으로 희생양이 되었고, 자신이 세운 흥륜
사에서 용포 대신 법복을 입고 생을 마감한 비운의 왕이 되었다.

진흥왕릉

신라 제24대 진흥왕은 대가야를 병합하고, 한강 유역과 함경도 일부까지
영토를 넓혔으며 국사를 편찬하고 불교를 장려한 업적이 있겠다.

진평왕릉

신라 제26대 진평왕은 고구려의 공격에 맞섰고, 중국의 수·당과 수교하였
다. 승려들을 중국으로 유학을 보내는 등으로 불교 진흥에도 힘썼으며, 산성
을 쌓아서 수도방어에도 힘썼다.

·· *설레는* 유적여행 *··*

선덕여왕릉

　신라 제27대 선덕여왕의 아버지는 진평왕이다. 16년간 나라를 다스렸고,
진평왕에게는 아들이 없어 왕위 계승에 문제가 생겼으나 그것은 신라 역사
의 새로운 장을 여는 기회가 되었다. 아들은 아니었지만, 선덕은 천성이 맑고
지혜로워, 첫 여왕의 영예가 돌아갔다.

　선덕여왕의 아버지 진평왕의 이름은 '백정'으로 석가모니 아버지의 이름에
서 따온 것이다. 어머니 '마야부인' 역시 석가모니의 어머니 이름을 따왔다.
이처럼 부처의 이름을 빌려 정치적 기반을 강화하려 했고, 선덕여왕은 이런
뜻을 이어받아 신라 불교문화를 꽃피웠다. "나는 모년 모일에 죽을 것이니
나를 도리천에 묻어라." 여왕은 자신이 죽을 것을 미리 알고 있었고 그 도리
천은 바로 자신이 잠든 이곳이었다.

김유신 장군묘

천년의 영웅

　김유신은 삼국통일에 중추적인 역할을 한 장수다. 신라에 투항한 가야 왕
족의 후손으로, 진골 귀족 출신이다. 15세 때 화랑이 되어 고구려, 백제와의
전투에 공을 세워 중요 인물이 되었다. 누이와 결혼한 김춘추가 태종무열왕
으로 즉위하면서 위상이 높아졌고, 통일 전쟁 과정에서 신라를 이끄는 중추
적 구실을 했다. 진평왕 때 태어나 문무왕 때 사망했다.

• *설레는* 유적여행 *•* *•*

설총묘

    최치원과 함께 신라 3대 문장가이며 신라 10현의 한 사람이다. 아버지는 원효, 어머니는 무열왕의 딸 요석공주다. 설총의 죽음에 대한 기록은 없다.

배리삼릉

    경주 남산의 서쪽에 있는 아달라왕·신덕왕·경명왕의 능이라고 추정하는 무덤군으로 굴식돌방무덤임이 확인되었다. 돌방 벽면에 병풍을 돌려세워 놓은 것처럼 양벽의 일부에 색이 칠해져 있는 것이 특징으로 벽화가 그려지지 않은 신라 무덤에서는 처음 발견되는 것으로 가치가 있겠다. 배리삼릉의 주인공이 신라의 박씨 3왕이라 전하지만 기록은 없다. 신라 초기에는 이와 같은 대형무덤 자체가 존재하지 않았기 때문에 좀 더 연구가 필요해 보인다.

죽음을 기억하라

"죽는다는 사실을 아는 것은 삶의 중요한 결정을 해야 할 때 나에게 많은 도움을 주었다."

스티브 잡스가 스탠퍼드대학 연설에서 한 말이 되겠습니다.

우리가 죽음을 기억한다는 것은 삶의 불편한 짐들을 내려놓을 수 있는 지혜를 준다는 점에서 큰 의미가 있지요.

삶이 얼마 남지 않았음을 알아차리면, 지금 무엇이 중요한지를 명확하게 알 수 있고, 거기에 심력을 집중함으로써 소중한 것들을 잘 다듬어 나갈 힘을 얻을 수 있겠습니다.

"어떻게 살았는가. 어떻게 살 것인가?"

이런 물음에 대한 해답은 세상의 무엇이든 영원하지 않다는 사실과 언젠가 맞이할 마지막 순간을 기억하는 것에서 찾을 수 있고,

또 누구든 잘 선택할 수 있는 일이지요.

뇌 속에서의 일생

아이들은 양기를 주체하지 못해 뛰어다니는 경우가 많겠습니다. 행동은 앞서는데 생각은 그만큼 따라가지 못하기 때문이지요.

반면에 나이가 들면 걷는 것조차도 조심해야 하는데, 몸은 따라가지 못하고 온갖 잡생각은 넘쳐나기 때문이겠습니다. 원래 좋은 생각이란 많지 않은 것이니, 나이 들어서 하는 생각들은 대부분 걱정거리뿐이지요.

또 청춘들은 잠이 많겠습니다. 낮 동안의 활동들을 정리해야 하기 때문에 피곤함에 수면 시간이 길 수밖에 없지요. 반면 나이가 들면 잠이 없겠습니다. 낮 동안의 경험들이 딱히 새로울 것이 없기 때문에 거기서 거기이며, 지루한 일상이 많으니 수면이 줄어들 수밖에 없지요. 사춘기에 만들어진 정체성은 육십 즈음에 최고조가 되고, 옆길로 새는 생각이 적어지기 때문이겠습니다.

"삶은 이런 것이야!" 똥고집이 점점 강해지는 시점도 한몫하지요. 특히 청춘들이 보기에는 앞뒤가 꽉 막히고 시대에 뒤떨어진 꼰대로 보일 수밖에 없고, 그 정체성마저 서서히 무너지기 시작하겠습니다.

강력했던 뉴런 간의 연결이 느슨해져서 어느 날 주소가 흐려지고 마침내 사라지지요. '내'가 사라지는 것이 아니라, '뇌'가 사라지는 것이고 뇌 속에서 일어나는 '나의 일생'이라고 하겠습니다.

이런 사라짐이 나이 든 나를 슬프게 하지만, 본래 아무것도 없었지요. 하늘로 쏘아 올려진 공은 다시 내려오듯이 자연스럽게 일어나는 일이 되겠습니다. 자연이든 삶이든 모두 파동이고 싸이클이지요.

제 3 장

산중에 녹아든 수행자의 집

속세를 떠나 머무는 천년의 시간

한국의 산사·산지승원

유네스코가 지정하는 세계문화유산에 등재된 우리나라 산사·산지승원은 양산 통도사·영주 부석사·안동 봉정사·보은 법주사·공주 마곡사·순천 선암사·해남 대흥사 7곳이다. 한국 사찰은 1700년 전 불교가 수용된 이후로 다양하게 변화를 겪었지만, 현재는 주로 산사만이 불교문화의 명맥을 이어가고 있다. 산지승원은 1000년 동안 한국 산사를 대표하고 있고, 특히 고려시대까지는 수행으로 깨달음을 얻는 선종 교리에 따라 속세와 거리를 두는 산사가 유행해서 산지승원의 위상이 높아졌다고 하겠다. 하지만 조선시대에 억불정책이 시행되면서 불교 전반이 크게 위축되어 도심의 사찰은 사라지고 산지승원 등의 산사만이 고립된 곳에서 자급자족으로 어렵게 존속할 수 있었다. 그런 환경이 전화위복이 되어 산지승원은 독특한 승원 문화를 간직하면서 수행 전통을 유지하고 있어 특별한 가치가 있다고 하겠다.

· · 설레는 유적여행 · ·

양산 영축산 통도사

　우리나라 3대 사찰 중 하나인 통도사는 부처의 진신사리가 모셔져 있는 불보사찰이다. 통도사라 한 것은, 사찰이 위치한 산의 모습이 부처가 설법하던 인도 영취산의 모습과 통한다는 것, 또 승려가 되고자 하는 사람은 금강계단을 통과해야 한다는 의미에서 '통도'라 했으며, 모든 진리를 깨달아서 중생을 제도한다는 뜻에서 '통도'라고도 하겠다. 신라 선덕여왕 때 자장율사가 당나라에서 불법을 배우고 돌아와서 창건한 사찰이다. 경내의 전각들은 12개의 법당 등 65동 580여 칸에 달하는 대규모 사찰이다. 소속 암자로는 극락암·백운암·비로암 등 13개의 암자가 있고, 우리나라 사찰 중 유형 불교 문화재를 가장 많이 보유하고 있기도 하다.

대광명전(국보)

통도사의 중심 불전으로, 비로자나불을 봉안하는 곳이다. 비로자나불은 '널리 밝은 빛을 두루 비춘다.'라는 뜻으로, 모든 부처 중에서 근본이 된다고 하여 법신불이라고도 한다. 이 때문에 비로자나불이 봉안된 곳을 대광명전 또는 대적광전이라고 하며, 비로전이라고도 하겠다.

극락보전

서방 정토의 주인인 아미타불이 봉안되어 있다. 아득히 먼 서쪽에 있다는 극락세계를 법당으로 옮겼다는 의미가 있다.

설레는 유적여행

약사전

　중생의 심신을 치료하고 수명을 늘려 준다는 약사여래불을 모신 법당으로 질병의 고통에서 벗어나고자 하는 사람들의 간절함이 담긴 전각이다.

용화전

　'용화'는 연꽃이 피는 세계를 의미하고, 순수와 깨달음을 상징하는 숭고한 뜻을 담고 있는 공간이 되겠다.

영산전

    부처가 '묘법연화경'을 설한 장면을 극적으로 묘사한 '영산회상도'를 모시기 위해 특별히 지은 전각이다.

명부전

    지옥의 고통을 받는 중생들을 구제한다는 지장보살을 모신 곳으로 선악을 판별한다는 열 분의 대왕을 그린 '시왕도'가 함께 있다.

설레는 유적여행

좋은 기분을 얻고 싶다면

여행의 후유증인지 나이가 든다는 것인지 계절의 효과 때문인지, 날이 갈수록 잠자리에 들면 숙면을 못 하고 일찍 깨겠습니다. 그러나 자고 나서 머리가 맑으면 좋은 날이 될 것 같은 느낌도 들지요.

한 걸음 한 걸음, 한 번의 들숨과 날숨, 쾌청하고 선선한 날씨, 한줄기 시원한 바람까지도 순간의 행복을 안겨주겠습니다.

그런 순간들에서 행복을 느낄 수 있는 좋은 기분은 항상 있었던 것인데 내가 미처 몰라본 것일 뿐이지요.

"이런저런 핑계로 한눈이 팔려있었으니 볼 수가 있었겠나?"

희망의 반대가 절망 또는 아무 생각 없이 사는 것이라고 생각될 때가 있고, 아니면 평화롭다거나 뭔가로 충만한 느낌이라고 여겨질 때도 있겠습니다. 삶의 계절이 바뀔 때마다 미션의 방향이 달라지기 때문이지요. 그래서 순간순간의 일상에서 좋은 기분을 느끼고 누리는 것이 참 중요하겠습니다.

시간이 지나면 많은 날들이 좋은 기분이 든다는 것을 느끼게 되고, 이 정도만 되더라도 더 이상 감사한 삶이 없지요.

나의 욕망뿐만 아니라 희망조차도 조금씩 내려놓을 때, 좋은 기분을 얻고 행복한 순간을 자주 누릴 수 있는 것은, 내려놓는 자만의 특권이 되겠습니다.

오늘 하루를 잘 살라

미성숙 상태에서 세상에 나오는 것이 포유류 중에서도 인간만의 특별함이 되겠습니다. 아기는 태어나면 1년 정도 먹고 자는 일만 하면서 뇌가 발달하도록 최선을 다하지요. 이후 걷기와 말하기라는 인간의 중요한 특성을 현실에 적용시키겠습니다. 그런 의미에서 돌잔치는 인간이 되었음을 처음 축하하는 자리라고 할 수 있지요.

그런데 학자들은 온 힘으로 네트워크를 만들고 확장하는 이런 과정이 인간의 원형이 되어버린다고 하겠습니다. 보통의 동물들은 성숙되면 더 이상 발달하지 않고 그냥 살아가지만, 인간은 끝없이 성장하는 것이 기본 상태가 되었다는 것이지요. 성숙된 후에도 정신적·사회적으로 연결되고 확장되겠습니다. 어떤 사람은 이것을 삶의 에너지로 쓰지만, 어떤 사람은 괴로움에 시달리게 된다고 하지요.

"뭔가가 되고 싶은 사람. 뭔가가 되어야만 한다고 느끼는 사람?"

둘의 공통점은 멈춰서 살 수 없고, 뭔가를 배우고 성취해야만 하는 괴물이 되어버린 꼴이 되겠습니다. 멈추고 산다는 것은 그저 되는 일이 아니라, 이것을 돕기 위한 다양한 정신 산업이 함께 성장하게 되지요.

"성숙했으니, 이제는 그냥 살아도 된다!"라고 누구도 말하지 않는 성취 만능 사회에서 많은 불안을 느끼는 것은 당연한 결과라고 하겠습니다. 잘 들여다보면 뭔가 되고 싶다는 욕망이나, 무엇이든 되어야만 할 것 같은 강박은 실체가 없지요.

"그렇다고 또 무슨 기준이 있겠나?"

지금 잘 살면 그만이고, 좋은 소식이 따로 있는 것은 아니겠습니다.

영주 봉황산 부석사

신라 문무왕 때 화엄종의 창시자 의상대사가 창건한 사찰이다. 당나라의 신라 침략 소식을 듣고 귀국하여 화엄의 도리로 국난을 극복하게 하고자 창건하였다. 화엄 사상의 발원지라고 할 수 있겠다.

3층석탑

범종루

누각 형식의 문으로 아래층은 통로이고, 위 측은 범종·북·목어를 걸어 놓은 건물이 되겠다. 기둥 수를 빽빽이 세우고 바깥은 자연목 형태를 그대로 살린 굵은 기둥을, 내부는 가는 기둥을 사용한 것이 독특하다. 진입로 위로 세워 출입문을 겸하게 한 것이 특징적이다.

범종루는 누각식 문으로, 위에는 종이 없고, 북과 목어만 걸려 있다. 지붕은 정면 부분이 팔작지붕, 뒷부분이 맞배지붕으로 지어진 점이 특이하고, 뒤쪽 가운데 한 칸을 뚫고 밑에 계단을 세워 안양문으로 오르게 하였다.

설레는 유적여행

안양루

　누 밑을 통과하여 무량수전으로 들어서게 한 일종의 누각으로 된 문이다. 문과 누각의 2가지의 기능을 부여한 것이다. 극락이란 뜻을 가진 안양문은 극락세계에 이르는 입구를 의미하고, 이 문을 지나면 극락인 무량수전을 만나는 구조로 되어 있겠다.

　안양루는 무량수전 앞마당 끝에 위치한 누각으로 정면 3칸·측면 2칸이며 팔작지붕 전각이다. 많은 문인들이 안양루에서 바라보는 소백산맥의 경치를 글로 남겼고, 누각 내부에 시문 현판이 걸려 있다.

석등(국보)

　부석사 무량수전 앞에 있는 통일신라의 8각 석등이다. 비례의 조화가 아름다우며 화려하고 단아한 걸작이다. 통일신라시대에 많이 조성된 석등의 기본양식은 하대석 위에 간주를 세우고 그 위에 다시 상대석을 놓아 화사석을 받치고, 그 위를 옥개석으로 덮어 평면은 팔각으로 조성했다. 이 석등도 그런 통일신라시대 형식을 특별히 벗어나지 않았다.

무량수전(국보)

　무량수전은 고려시대 전각으로 봉정사의 극락전과 함께 우리나라에서 가장 오래된 목조건물 중 하나이다. 조사당 벽화는 목조건물에 그려진 벽화 중 가장 오래된 것으로 유물관 안에 보관되어 있다. 건물 모양이 우아하고 경쾌하여 보는 이의 시선을 압도하기에 충분하겠다. 특히 배흘림기둥

설레는 유적여행

에 걸맞은 안정감과 귀기둥에 보이는 귀솟음 수법은 수려함의 극치다.

소조불상(국보)

무량수전의 소조불상은 높이 2.78m이다. 소조불상이란 나무로 골격을 만들고 진흙을 붙여 가면서 만든다. 우리나라 소조불상 가운데 가장 크고 오래된 작품으로 가치가 크다. 온화함보다 근엄한 표정과 옷주름 등에서 형식화된 모습이 보이지만, 고려시대 불상으로서는 상당히 정교한 솜씨를 보여주고 있다. 특히 소조불상이란 점에서 중요한 가치를 지닌다고 하겠다.

부석

서로 붙지 않고 떠 있는 바위라 하여 지어진 명칭이다. 의상대사가 화엄의 가르침을 널리 알리기 위해 왕명으로 이곳에 절을 지으려고 할 때, 이곳의 많은 이교도들의 방해가 있었다. 이때 의상을 사랑한 선묘 낭자의 화신인 선묘 용이 나타나 번갯불과 함께 큰 바위를 공중으로 들어 올려 이교도를 물리쳤다고 하여 이 돌을 '부석'이라 하고, 사찰 이름을 부석사로 지었다.

부석사

평생 여가 없어 이름난 이곳 못 오다가
흰머리가 성성한 오늘에서야 안양루에 올랐네
강산은 그림처럼 동남으로 벌려 있고
천지는 부평초처럼 낮밤으로 물 위에 떠 있구나
지나간 모든 일들은 말 타고 홀연히 내달려 온 듯
무한한 우주 속에 내 한 몸 오리 되어 헤엄치는 듯하네
백 년 동안 몇 번이나 이런 빼어난 경치 구경할 수 있을까
세월은 무정하여라, 나는 벌써 늙어 있구나.
《김삿갓》

설레는 유적여행

헬스의 의미

건강은 심신이 온전한 상태를 말하기도 하지만 온전한 상태로 되돌리는 힘, 회복탄력성을 의미하기도 하겠습니다. 그래서 건강을 의미하는 헬스는 치유와 관계가 있지요.

살면서 피곤하고, 병에 걸리고, 상심할 수도 있지만 건강한 사람이라면 충분히 회복해 낼 수 있겠습니다. 그 회복은 그냥 과거대로만 되는 것이 아니라 비틀어 보고 변형해 보면서 살아남는 전략이지요.

이때 건강은 몸이 아닌 내면적인 것을 의미하고, 내면적으로 강한 사람은 유연한 사람이 되겠습니다. 흩어졌다 다시 모일 수 있으려면 구름처럼 정해진 모습이 없는 것이라야 가능하지요.

태풍은 중심에 비어 있는 눈이 클수록 더 큰 에너지를 만들어 낼 수 있는 강한 태풍이 되듯이, 진정으로 건강하고 강한 사람도 내면이 강한 사람이며, 내면의 강함은 유연함에서 오겠습니다.

내적으로 유연하려면 붙잡거나 얽매임 없이 그 자리가 비어 있어야 하고, 크게 비울수록 건강해지는 것이 자연에서 배우는 지혜이지요.

삶의 염려

세상사 무엇이든 다 지나가겠습니다. 마주치면 천 길 낭떠러지 같겠지만, 지나고 나면 추억으로만 남지요. 하나가 다가와서 끝나기도 전에, 연이어 이중 삼중으로 다음 파도가 덮쳐버리는 것이 인생살이라고 하겠습니다.

자고 일어나면 기억으로만 남을 오늘 때문에 최선은 다하더라도 마음의 상처까지 입지는 말아야겠지요. 어떤 역경에 직면하더라도 아무 일 없는 듯 순간순간에 집중하는 것이 중요하겠습니다.

너무 많은 염려는 오히려 삶의 에너지를 소진해 버리니 특별히 경계해야 하지요. 세상일에 대한, 크고 작은 염려는 앞날의 불안에 대한 일종의 리허설이라고 하겠습니다.

내가 하는 염려가 지금의 불안에 대해서 약간의 효과는 있겠지만, 대략 그 정도로 적당히 에너지를 할애함으로써 삶의 에너지가 소진되는 것을 반드시 막아야 하지요.

안동 천등산 봉정사

신라 문무왕 때 의상대사의 제자인 능인대사가 창건한 것으로 추정된다. 한국전쟁으로 대부분의 자료들이 소실되어 창건 이후 사찰의 역사는 전하지 않는다. 특히 극락전은 한국에서 가장 오래된 목조건물이며 대웅전과 함께 국보로 지정되어 있다. 고려 태조와 공민왕도 이곳을 찾았고, 영국의 엘리자베스 여왕이 방문하여 유명한 사찰이 되었다.

만세루

봉정사의 입구에 해당하는 누문으로, 조선 숙종 때 건립되었다. 만세루는 17세기 후반의 위풍당당하고 절정의 건축기법이 잘 나타나 있는 누각으로 조선 후기의 건축사 연구에 중요한 자료라고 하겠다.

대웅전(국보)

조선 초기 다포계 건물로, 석가모니불을 본존불로 모시는 법당이다. 1962년 수리 작업을 위해 일부를 해체했을 때 먹물로 쓰인 '묵서명'이 발견되면서 조선 초기 전각으로 추정하겠다. 규모는 앞면 3칸, 옆면 3칸이며 지붕은 옆면에서 볼 때 팔작지붕이다. 지붕 처마를 받치기 위해 장식하여 만든 공포가 기둥 위뿐만 아니라 기둥 사이에도 있는 다포 양식인데, 밖으로 뻗친 재료의 꾸밈없는 모양이 고려말에서 조선 초 건축양식을 잘 갖추고 있고, 특히 앞쪽에 쪽마루를 설치한 것이 특이하다.

쪽마루가 있는 대웅전

설레는 유적여행

대웅전 안쪽에는 단청이 잘 남아 있어 그 당시의 문양을 연구하는 데 중요한 자료가 되고 있다. 건실하고 힘찬 짜임새를 갖추고 있어 조선 전기 건축양식의 특징을 잘 보여주고 있겠다.

극락전(국보)

전각을 복원할 때 상량문에서 고려 공민왕 12년, 1363년에 중수하였다는 기록이 발견되어 현존하는 최고의 목조건물로 인정받게 되었다. 앞면 3칸·옆면 4칸 크기에, 지붕은 옆면에서 볼 때 人 자 모양 맞배지붕으로 기둥은 배흘림 형태가 되겠다. 건물 안쪽 가운데에는 불상을 모셔놓고 그 위로 불상을 더욱 엄숙하게 꾸미는 화려한 닫집이 수려하다.

불상과 닫집 닫집은 옥좌나 법당의 불상 위에 만들어 다는 집을 말한다.

영산암

　봉정사 영산암은 봉정사 고건축 미를 말할 때 빼놓을 수 없는 곳이다. 조선 후기에 세워진 영산암은 사찰의 엄숙함보다 자연친화적인 정자나 고택 같은 분위기를 자아내고 있다. 몇 개의 건물이 마루로 연결되어 폐쇄적 형태를 띠고 있으나 실제로는 어디서나 통할 수 있도록 개방형 구조로 되어 있고, 암자의 백미는 마당이라고 하겠다. 완만한 비탈진 지형을 다듬지 않고 마당으로 끌어들임으로써 좁은 공간임에도 자연스럽고 여유롭다.

설레는 유적여행

영산암 우화루

'석가모니 부처님께서 깨우침을 얻자 하늘에서 꽃비가 내렸다.'라는 일화를 기념하기 위해 사찰마다 우화를 넣은 전각이나 당호가 많겠는데, 영산암 우화루 역시 그런 의미를 담은 누각이다. 누각 아래로 대문을 내어 드나드는 문으로 삼았고, 그 위는 시원하게 풍광을 조망할 수 있도록 하였다.

허공 같은 삶

누구든 세상사의 좋고 나쁨을 예측할 수 없고
거스르기는 더욱 어렵겠습니다.
그러나 내가 선택할 수는 있지요.

철석같은 마음으로 부딪쳐 싸울 수도 있고,
물처럼 출렁이다 다시 잔잔한 호수처럼 회복할 수도 있겠습니다.

무엇보다 좋은 것은 텅 빈 허공처럼 되는 것인데,
먹구름이든 화려한 불꽃놀이든 구별하지 않고
아낌없이 자리를 내어주는 것이지요.
허공은 어떤 상처도 받지 않기 때문이겠습니다.

내가 상상할 수 있는 것 중에 최고는 휘파람처럼 되는 것인데,
바람이 입술을 통과하면 아름다운 음악으로 탈바꿈되는 것과 같은 것이
지요. 삶의 연금술이라 할 수 있겠습니다.

그 연금술의 비밀은
허공처럼 비어 있고,
아무것도 없으며,
아무것도 아니기 때문에 가능한 것이지요.

진흙 속의 연꽃처럼

영웅은 난세에 나타나는 것이고
좋은 의사는 수많은 환자가 만들겠습니다.

삶에 대한 깨달음과 좋은 지혜 역시
직면하는 온갖 역경이 가져다주는 선물이지요.

이런 이치를 알아차리고,
자신에게 직면한 시련과 괴로움을 귀하게 받아들이면
삶의 성장동력이 되고 보물이 될 수도 있겠습니다.

아침이슬을 머금고 햇살로 솟아오른 진흙 속에 연꽃처럼.

보은 속리산 법주사

'부처님의 법이 머문다.'는 법주사는 신라 진흥왕 때 의신조사가 창건하였다. 고려 홍건적의 침입 때는 공민왕이 안동으로 피난을 왔다가 환궁하는 길에 들르기도 하였고, 조선 태조는 즉위하기 전 백일기도를 올리기도 하였다. 병에 걸렸던 세조가 복천암에서 사흘 기도를 올리기도 하여 잘 알려져 있겠다. 임진왜란으로 인해 사찰이 거의 전소되어 인조 때 벽암스님에 의해 중창되었고, 이후 여러 차례 중수를 거쳐 오늘에 이른다. 속리산 일대에는 보은군의 문화재 절반 이상이 몰려 있는데 그중 법주사에는 국보가 3점이나 된다. 법주사는 1000년이 넘는 역사를 통한 미륵신앙의 중심 사찰이다.

천왕문

설레는 유적여행

대웅보전

팔상전(국보)

　팔상전은 5층 목탑으로서 우리나라 목탑 연구에 귀중한 자료가 되고 있다. 신라 진흥왕 때 의신대사가 건립하였고, 이후 중창을 거쳐 정유재란 때 소실된 것을 1605년에 재건하여 오늘에 이르고 있겠다. 벽면에 부처의 일생을 8장면으로 구분하여 그린 팔상도가 그려져 있어 팔상전이라 이름 붙였다. 팔상전은 1984년에 쌍봉사의 대웅전으로 쓰이고 있던 3층 목조탑이 소실됨으로써 한국 목조탑의 유일한 실례가 된 중요한 건축물이다. 전체높이가 22.7m이며 현존하는 한국의 목탑 중 제일 높은 것이다.

쌍사자 석등(국보)

신라 석등 중 뛰어난 작품의 하나로 그 조성 연대는 성덕왕 때로 추정되고 있다. 석등의 간주석을 석사자로 대치한 석등은 전형적인 양식에서 벗어나 있는 점이 특이하다. 8각의 지대석 위에 하대·연화석·쌍사자·연화대 방석을 모두 하나의 돌에 조각한 것으로 다른 석등에 비해 화사석과 옥개석이 큰 것을 눈여겨 볼만하다.

석연지(국보)

'착하게 살면 극락세계에 다시 태어난다.'

8각의 지대석 위에 3단의 굄과 한 층의 복련대를 더하고 있다. 그 위에 구름무늬 장석을 놓아 석련지를 떠받쳐 마치 연꽃이 구름 위에 둥둥 뜬 듯한 모습을 조각한 걸작품이다. 통일신라시대의 작품으로 추정하고 있겠다.

마애여래의좌상

연꽃 속에 피어난 수정봉 · 금동미륵대불 · 팔상전

　금동미륵대불은 금 80kg · 무게 160톤 · 높이 33m이다.

달이 구름에서 나온 것처럼
이전에는 악업을 지은 사람도
지금 다시 악업을 짓지 않으면
그는 이 세상을 비추리.
『법구경』

휩쓸리지 않는 삶

평소 자신의 성향과 상관없이 유사시에 중요한 것은 침착함이 되겠습니다. 정신줄을 놓지 않는다는 것은 세상일에 휩쓸리지 않는다는 의미이지요. 세상사 때문에 괴로움의 폭풍 속으로 휩쓸려 버리면 한계에 부딪혀서 실수를 범할 수밖에 없겠습니다.

이와 반대로 좋은 일로 행복감이 밀려오는 상황이라 할지라도, 이 또한 들뜨거나 휩쓸리는 것을 경계해야 하지요. 살면서 좋고 나쁜 일에 자주 휩쓸리게 되면, 좋은 기억에만 의존하게 되고 스스로 묶이게 되겠습니다.

휩쓸리지 않으려면 직면한 상황과 거리를 두고 차분히 살펴보는 힘을 길러야겠고, 일단 보기 시작하면 보이게 되지요.

우리에게 일어난 어떤 일도 머물지 못하고 지나가기 마련이며 그것은 실체가 없다는 사실을 아는 것이 중요하겠습니다. 휩쓸릴 것 같은 상황들은 내 마음을 흔들어서 숨은 욕망을 분출시킬 뿐이지요.

나와 그런 느낌을 분리한다는 것은 어려운 일이지만, 충분히 시도해 볼 가치가 있겠습니다. 일단 상황과 느낌에 내가 휩쓸리고 있다는 것을 알아차리는 것이 중요한 시작점이지요.

인생 공부

忍 자가 셋이면 살인도 면한다는 말은, '욱'하는 행동을 경계하라는 의미가 되겠습니다. 그 때문에 손해를 보기도 하고, 크게는 인생 경로가 비틀어져서 운명이 안 좋게 바뀌는 경우가 많기 때문이지요. 가깝게는 뒷날 후회하기도 하고, 그날의 실수가 한으로 남기도 하겠습니다.

그러나 문제는, 억지로 꾹 눌러놓는 것이 참는다는 말의 본뜻은 아니지요. 스프링처럼 튀어 오를 힘을 축적하고 있는 것이어서, 오히려 큰 위험이 집중되고 있는 꼴이 될 수 있겠습니다. 忍 자는 '칼로 자신의 마음을 도려낸다.'라는 뜻을 담고 있는데, 문제를 억지로 눌러서 참는 것이 아니라 내 마음 자체가 없어지는 상태를 의미하지요.

크고 작은 일에 마음이 묶이지 않으려면, 완전히 이루거나 포기하는 수밖에 다른 방법이 없지만, 그렇다고 이루지 못해서 할 수 없이 포기하는 것은 아니겠습니다. 누렇게 보이는 것이 금인 줄 알았는데, 알고 보니 똥이었다는 것을 알게 되면 자연히 내려놓아지겠지요. 그래서 똑바로 보는 것이 참으로 중요한 이유가 되겠습니다.

감정이란 것은 대부분 인식에서 생기는 것인데, 우리는 허다하게 인식의 오류를 범하며 살고, 그것이 편할 날이 없게 만들지요.

"그래서 사는 것을 고해의 바다에서 허우적거리는 것으로 비유하지 않겠나?" 참는 게 아니라, 놓아지는 것이고, 그러기 위해서는 끊임없는 자기 성찰과 노력이 필요하겠습니다. "어떻게 놓아지는가?"

죽는 날까지 살펴야 할 인생 공부이지요.

공주 태화산 마곡사

　신라 선덕여왕 때 자장율사가 창건하였다. 이후 후삼국 시대쯤에는 폐사되어 도적의 소굴이 되었다가 고려 명종 때 보조국사 지눌이 제자 수우와 함께 왕명을 받고 중창하였다. 마곡사라는 이름은 신라의 보철화상이 설법을 전도할 때 모인 신도가 삼밭의 '삼대' 같다고 하여 지은 것이다. 창건 당시에는 30여 칸의 대사찰이었으나 현재는 대웅보전·대광보전·영산전·사천왕문·해탈문 등이 남아있다. 고려 후기 불교문화의 대표적 유산인 금물과 은물로 베껴 쓴 필사 불경도 여러 점 전해진다. 세조가 이 절에 들러 '영산전'이라고 사액을 한 일화가 있다. 마곡사 일대는 조선조 십승지지, 즉 전란기에 위험을 피할 수 있는 특별한 명당 중 하나로 알려져 있겠다. 실제 임진왜란의 전란을 피했고, 6·25전쟁 때도 피해를 입지 않고 온전히 남았다.

대광보전

대광보전은 마곡사의 중심 법당으로 진리를 상징하는 비로자나불을 모신 건물이 되겠다. 창건 시기는 알 수 없으나 순조 때 다시 지은 전각이다. 앞면 5칸·옆면 3칸이며 팔작지붕으로 문살은 꽃 모양을 섞어 조각하였고, 가운데 칸 기둥 위로 용 머리를 조각해 놓았다. 구성·장식·건축 수법이 독특한 건물로 조선 후기 건축사 연구에 귀중한 자료가 되고 있다.

대웅보전

　대웅보전 전각에는 싸리나무 기둥 4개가 있다. 저승에서 염라대왕이 "마곡사 싸리나무 기둥을 몇 번이나 돌았느냐?"라고 물어봐서 많이 돌았으면 극락에 쉽게 가고, 한 번도 안 돌았으면 지옥에 떨어진다고 하여, 많은 사람이 기둥을 돌기 때문에 반들반들 윤이 난다고 하겠다.

설레는 유적여행

일반적으로 탑신 지붕으로 3층 석탑, 5층 석탑이라 하는데, 마곡사 석탑은 옥개석이 다섯 개니 독특한 석탑이 되겠다. 이 탑이 특별한 것은 탑 가장 윗부분이 국내에는 없는 청동으로 된 금동보탑이라는 점인데, 고려 때 지어진 탑으로 추정하겠다. 당시 고려는 몽골 간섭기였기에, 원 말기 라마 불교의 영향을 받은 것으로 추정된다. 이 양식의 탑은 현재 전 세계에 3기뿐이다.

마곡사5층석탑(국보)

백범당

　마곡사에서 빼놓을 수 없는 원종스님, 백범 김구 선생이 수행하던 곳이다. 명성황후 시해에 대한 분노로 일본군 장교를 살해하고, 인천형무소에서 탈옥하여 원종이라는 법명으로 출가하였다. 해방 후 선생이 마곡사를 방문했을 때 대광보전 두 기둥에 적혀있는 '각래관세간 유여몽중사, 돌아와 세상을 보니 마치 꿈 가운데 일 같구나'라는 문구를 보고 감명을 받았다는 일화가 있겠다. 그때 심은 향나무가 백범당 앞에 있겠다.

사랑으로써 분노를 이기고 선으로써 악을 이겨라
베품으로써 인색함을 이기고 진실로써 거짓을 이겨라
『법구경』

생각이라는 놈

　'이순'의 나이가 되니 점점 더 확실하게 느껴지는 것이 있겠습니다. 세상
일 무엇이든 억지로 끌고 가서 이룰 수 있는 것은 특별히 없다는 것이지요.
특히 사람과의 관계를 어찌해 보려는 것도 실패하기 십상이지만, 정작 타격
이 큰 것은 어찌해 보려고 강요하는 것이 나를 향할 때가 되겠습니다. 당연
히 실패할 가능성도 크고, 불행해질 확률도 높지요.

　알고 모르고, 대처할 수 있고 없고를 떠나 원하지 않는 상황은 시도 때도
없이 찾아들겠습니다. '생각'이라는 놈도 이와 다르지 않겠는데, 예측도 통
제도 할 수 없는 것이 뜬금없이 불쑥 튀어 오르지요.

　물론 생각 없이 살기는 어렵지만, 심리적으로도 그러니 문제가 된다고 하
겠습니다. 아이러니하게도 처음엔 생각을 않으려고 하지만 나중에는 잊혀
져 가는 생각도 붙잡게 된다는 것이 더 큰 문제가 되고, 결국 '생각'이라는
놈에게 부림을 당하는 꼴이 되고 말지요.

　그러니 생각을 막지도 말고 붙잡지도 않으면, 꼬리에 꼬리를 무는 잡다
한 생각과 그에 따른 격한 감정을 사전에 막을 수 있겠습니다. 이렇게 이론
적으론 간단한 것이 현실에서 어렵다는 것을 잘 알고는 있지요.

　어떻게 보면 원래 막을 수도, 붙잡을 수도 없는 것이 '생각'이라는 놈이라
고 하겠습니다.

　let it be! let it go.

인생 멘토

학문이나 지식을 넓혀 줄 스승은 넘쳐나지만, 삶의 등불이 되어줄 훌륭한 멘토는 많지 않겠습니다. 살다 보면 종종 문제를 함께 의논하고 앞길을 조언해 줄 멘토가 절실히 필요할 때가 있지요.

우리는 학생인 동시에 스승임을 잘 알고 있겠습니다. 누구든 배울 가치가 있는 것을 배우고 가르친다면, 어떤 역경에 직면하더라도 좋은 지혜를 얻을 수가 있지요.

"나는 무엇이 필요한가?"

나에게 이런 질문을 하다 보면 정보를 얻을 수 있고, 생각이 열리면서 상황에 걸맞은 적절한 해결책 얻을 수 있기 때문이겠습니다.

좋은 삶을 위해서는 수시로 나의 행동을 성찰하는 것이 중요하고, 사소한 잘못도 바르게 고치는 습관을 만드는 것이지요.

스스로 좋은 인생 멘토가 되고자 한다면, 반복된 자기반성과 긍정적이고 희망적인 사고의 변화가 필요하며, 그때야 비로소 자부심을 느낄 수 있는 가치 있는 삶을 만끽할 수 있겠습니다.

순천 조계산 선암사

　백제 성왕 때 고구려 승려 아도화상이 창건한 '해천사'가 선암사의 기원이라고 전해지며, 통일신라 헌강왕 때 도선국사가 선암사를 창건하였다. 이후 고려 때 대각국사 의천이 절을 크게 중창하고 천태종의 본거지로 번창했으나, 정유재란으로 절이 거의 소실되었고 이후 중창되었다. 한국전쟁 중에 다시 불에 타서 소실되었던 것을 복원하여 현재는 대웅전·원통전·팔상전 등 크고 작은 20여 동의 건물만 남게 되는 우여곡절을 겪은 사찰이다. 보우조사의 뜻을 이어받아 현재는 한국불교태고종 소속의 사찰로, 선조사의 법맥 상속으로 잘 보존하여 세계문화유산으로 그 가치를 인정받았다. 조계종과 태고종의 종단 갈등이라는 불가의 그림자도 있지만, 오히려 그 갈등 때문에 예전 모습을 잘 유지하고 있다는 사실은 씁쓸하다.

승선교(국보) '신선이 되어 하늘을 오른다.'

일주문

　고려 명종 때의 문인 김극기는 시에서 선암사를 '적막하고 고요한 수행의 사찰'이라고 묘사했다. 천년 넘은 초록이 울창한 숲, 맑은 시냇물에 비친 바위마저도 세인의 손이 미치지 못하는 신선의 세상에 온 듯한 환상을 불러일으키는 곳으로 봄 매화·가을 단풍·겨울 동백으로 사랑받는 명소라고 하겠다.

범종루

　범종루는 불전 사물인 범종·운판·목어·법고를 봉안하는 전각이다. 사물은 예불드릴 때 사용되는 도구들로, 우리나라에서는 새벽예불과 사시공양, 저녁예불 때에 사용한다. 사물은 소리로서 불경 소리를 전파한다는데, 범종은 청정한 불사에서 쓰이는 맑은소리의 종이라는 뜻이지만, 지옥의 중생을

설레는 유적여행

위하여 불경 소리를 전파하는 상징적 기능을 가지고 있겠다.

만세루(전면)

만세루(후면) 육조고사

　강당 건물인 만세루이다. 현판은 구운몽의 저자 김만중의 부친 김익겸이 썼다고 한다. 현판이 굵고 힘이 있으면서 예서체의 아름다움과 육조혜능을 더듬어 볼 수 있다. '육조'란 부처님의 가르침을 전수받은 중국의 6조 혜능을 말하겠다. 선암사는 자연과 문화를 함께 즐길 수 있고, 역사와 종교의 아름다움을 만끽하면서, 마음의 평화를 찾을 수 있는 소중한 유산이 되겠다.

대웅전과 동·서 3층석탑

석가모니불을 모신 대웅전은 선암사의 중심 법당이다. 자연석 기단 위에 민흘림기둥을 세워 지었고 기둥머리에는 용머리 장식을 하였다. 지붕은 겹 처마 팔작지붕으로 화려한 건축양식과 장식면에서 조선 후기의 면모를 잘 간직하고 있어 학술적으로 중요한 가치가 있다.

선암사 동·서 3층석탑은 절 마당에 들어서면 대웅전 앞에 좌우로 서 있 는 2기의 석탑으로 보물이다. 2단으로 이루어진 기단 위에 3층의 탑신을 올린 형태로 규모와 수법이 서로 같아서 같은 사람의 솜씨로 동시에 세워 진 것임을 알 수 있겠다.

지장전

지장보살을 본존불로 모시는 전각으로 죽은 자의 세계인 저승을 표현한 곳이다. 망자들을 도와주는 지장보살이 중앙에 있고 주변에 망자들을 심

·· 설레는 유적여행 ··

판하는 시왕들이 배치되어 있다.

팔상전

석가여래의 생애를 묘사한 팔상도를 모신 법당으로 앞면 5칸·옆면 3칸·맞배지붕 구조다. 내부에는 팔상도 외에 도선·서산·무학·나옹 등 우리나라 고승의 영정이 모셔져 있다.

후사가 없던 정조가 100일 기도를 통해 순조를 얻었다는 기록이 있을 정도로 생명력이 넘치는 선암사는 태고종을 포교하는 중심 사찰로 오늘에 이르고 있겠다.

마음으로 살펴보라

옛날에는 유명한 두 집안으로부터 동시에 혼사 제안이 들어오면, 그중에 한 집안과는 원수가 되는 경우가 많았겠습니다. 그래서 좋은 선택도 중요했지만, 혼사가 오갈 때 거절하는 과정도 신중하게 처신해야 했지요.

우리의 삶도 마찬가지.

권투 시합처럼 상대에게 원하는 것을 얻고 회심의 한 방을 날리는 것도 중요하지만, 잘 피하거나 한 방 얻어맞더라도 충격을 최소화하는 기술을 몸에 익히는 것이 중요하다는 의미가 되겠습니다.
대부분 큰 충격은 내가 좋아하는 것으로부터 오기 때문이지요.

침착하게 조금만 시간이 지나가도록 그냥 두면, 직면한 사건은 필요한 만큼의 진실을 드러낼 것이고, 또 흐름을 따라 사라지겠습니다.

뜻밖의 일을 마주하면, 마음으로 찬찬히 살펴볼 필요가 있지요.

나를 아는 것

좋은 삶을 위해선
틈나는 대로 나에게 질문을 해봐야겠습니다.

또, 좋은 질문을 하기 위해선
좋은 생각을 만드는 힘이 필요하지요.

생각하는 힘은 자신이 살아온 삶을 이해하고,
현재의 시각으로 다시 살펴봄으로써
철학과 인문학적 관점을 만들 수 있는 가치 있는 일이 되겠습니다.

좋은 삶의 여정을 가려면
자신에 대해 먼저 아는 것이 참으로 중요하기 때문이지요.

"나는 누구인가?"

해남 두륜산 대흥사

　백제 성왕 때 아도화상이 창건했다. 대흥사는 호국불교의 정신이 살아 숨쉬는 사찰로 임진왜란 때 서산대사가 거느린 승군의 총본영이 있던 곳이기도 하다. 그리고 "차(茶) 안에 부처의 진리와 명상의 기쁨이 다 녹아 있다."라고 말한 초의선사가 대흥사 일지암을 짓고 40여 년 동안 수행하였는데, 이때문에 대흥사는 우리나라 차 문화의 성지가 되었다. 또 대흥사는 다른 절들의 가람배치 형식을 따르지 않고, 절을 가로지르는 금당천을 사이에 두고 북원과 남원으로 크고 작은 전각들을 자유롭게 배치한 독특한 공간구성이 특징이다. 다른 사찰에서는 볼 수 없는 서산대사를 모신 사당인 표충사 구역이 있다. 대흥사에는 국보 북미륵암 마애여래좌상을 비롯하여 선조의 하사품인 옥발·비취옥발·서산대사 친필·교자·신발·금과 은으로 쓴 불경 등 총 24종의 중요한 유물이 보관되어 있다.

문을 들어서면 부처님의 이치를 깨우치라!

설레는 유적여행

두륜산 자락에 내려앉은 대흥사

계곡을 베개 삼는 누각 침계루

　누각이 울창한 숲에 드리운 계곡과 나란히 위치해 마치 계곡을 베개 삼는 것처럼 보여 '침계'란 이름에 걸맞다. 침계루 현판은 조선 명필 원교 이광사가 썼다. 그는 추사 김정희보다 한 세대 먼저 살다 간 사람으로, 모두 당대를 대표한 명필이었다. 그러나 추사에 비해, 원교는 포부 한 번 제대로 펴지 못한 채 불우한 삶을 살다 갔다고 전해진다.

대흥사를 가르는 금당천과 침계루

대웅보전

　대웅보전은 정면의 화려한 용두장식 등의 여러 장식 요소가 다분히 혼합되어 있는 조선 후기의 건축양식을 잘 보여주고 있다. 그리고 중정식 가람배치의 전형을 보여주며, 그 중심의 위치에 서서 주변 경관에 조화되는 산사의 모범적인 사례로 평가된다. 현판은 조선 후기의 명필인 원교 이광사의 글씨이다. 건물 안에는 목조삼존불을 봉안하고 있겠다.

설레는 유적여행

천불전

천불상

　천불전과 1,000개의 불상이 화재로 전소되자, 불에 타지 않는 옥석으로 다시 제작했다고 하겠는데, 옥석의 산지인 경주에 40여 명의 스님들이 오랜 시간과 공을 들여 1,000불을 완성했다고 전해진다.

응진당 · 산신각 · 삼층석탑

명부전(지장전)

죽음의 세계를 관장하는 지장보살을 주존으로 봉안한 법당이다.

표충사

　조선 후기 정조 때 건립되어 정조가 직접 쓴 표충사 편액이 눈부시다. 표충사는 임진왜란 때 왜적을 물리치는 데 큰 공을 세운 서산대사의 충절을 기리기 위해 세워졌다. 중앙에 서산대사의 진영이 모셔져 있고 양쪽으로 서산대사의 제자로 공을 세운 사명당 유정스님과 뇌묵당 처영스님의 영정을 모셨다. 조선 후기의 불교계 충의를 기리기 위해 국왕이 편액을 내린 사당으로는 대흥사의 표충사와 밀양의 표충사가 있겠다. 절집에 사당을 둔다는 것 자체가 특별하다.

나에게 속지 말라

살면서 겪는 번뇌의 대부분은 세상이 내 마음 같지 않거나 내가 어찌할 수 없는 내 마음 때문이라고 하겠습니다.

감정·의지·기억과 같은 마음이 일으키는 것들은 내 마음대로 할 수 있는 것이 별로 없기 때문이지요.

우리는 평생을 심신을 만족시키는 데 에너지 대부분을 소진하겠습니다. '나'라고 생각하는 것이 바로 심신이 되겠는데, 이것들에게 끌려다니면서 쩔쩔매는 통에 삶이 한시라도 자유로울 수가 없지요.

이것들과 일정 거리를 두고, 주종관계를 분명히 함으로써 몸이라는 하드웨어와 마음이라는 소프트웨어로 이루어진 것이 아닌, 어떤 것을 발견할 수 있겠습니다.

내 마음에 휘둘리지 말고, 나에게 속지 말라는 것이지요.

잘 타고 넘기

사는 게 모두 '괴로움'이라고 한다면 동의할 사람은 많지 않겠고, 동의하고 싶지도 않겠지요. 일단, 부정적인 말 자체가 거부감을 일으킬 수밖에 없겠습니다.

그런데 나이 들어 힘이 빠지고, 늙어서 온갖 병이 찾아들면 가만있어도 서럽기 마련이지요. 무너져 가는 것들에서 오는 고통이라고 하겠습니다.

건강이 충만하고, 열정과 희망이 넘치던 청춘 시절은 짧은 가을 햇살처럼 일순간에 사라졌지요. 그 후로도 매일 무너져 가는 것들을 지켜보는 것이 분명 괴로울 수밖에 없겠습니다.

원하는 것은 얻기도 어렵고, 싫은 것을 피하기도 어려운 것이 원인이지요. 이런 것들이 나이가 들수록 한꺼번에 앞서거니 뒤서거니 하면서 몰려오겠습니다. 스스로 마음의 준비가 되어 있지 않으면 이래저래 개고생할 수밖에 없지요.

밀려오는 파도를 깨려고만 하면 부서지는 것은 오롯이 나 자신이 되겠습니다. 파도는 타고 넘는 것이어야 하는데, 파도를 타려면 우선 힘을 빼야 하겠고, 일단 올라타기만 하면 괴로움은 조금씩 사라지게 되지요.

운명에 맞서려고만 하지 말고, 잘 타고 넘어야 하겠습니다.

제 4 장

파란만장 조선 왕실 유적

조선의 궁궐

현재 남아있는 조선의 궁궐은 경복궁·창덕궁·창경궁·덕수궁·경희궁이다.

1392년 조선 건국 후 이성계는 수도를 한양으로 옮기기 위해 경복궁을 지어 왕조의 기틀을 마련했고, 태종 때 창덕궁을 따로 지었다. 창덕궁은 정치와 생활 공간을 잘 조성하여 자연과 어우러진 대표적인 궁궐이다. 왕들 대부분이 창덕궁에서 생활하였고, 실질적인 법궁의 역할을 했다. 세종 때는 상왕을 위해 별채로 수강궁을 지었는데, 성종 때 세 명의 대비를 위해 확장하여 창경궁이라 이름했다. 창덕궁은 정치, 창경궁은 생활의 공간이라 하겠다.

임진왜란으로 궁들이 소실되고, 광해군 때 창덕궁을 중건하여 법궁이 된다. 이후 경복궁을 제외한 궁들이 점차 중건되었다. 1867년 대원군에 의해 경복궁이 중건되었고 법궁으로 회복되었다. 고종이 대한제국을 선포하고 황제가 되면서 황궁으로 경운궁을 사용하였고, 황위에서 물러나자 덕수궁으로 이름이 바뀌게 된다. 순종 때부터 일제에 의해 궁궐이 훼손되기 시작하였는데, 창경궁은 동물원과 식물원을 설치하여 '창경원'이라 불렸고, 경복궁 일부를 철거하여 총독부 청사를 짓는 만행을 저질렀다. 광복 이후부터 훼손된 궁궐의 복원사업이 시작되어 현재에 이르게 된다. 특히 창덕궁은 1997년 유네스코 세계유산으로 등재되어 조선시대를 대표하는 궁궐이 되었다.

조선의 건국·조선의 심장
600년을 넘어지고 생존한 명작

경복궁

　이성계가 왕이 되어 도읍을 옮기기로 하고, 신도궁궐조성도감을 열어 궁을 창건하였다. 당시 궁의 규모는 390여 칸이었고, 『시경』에 나오는 '군자만년 그대의 큰 복을 도우리라'에서 경복궁이라 하였다. 태종은 경회루를 다시 지어서 임금과 신하가 모여 잔치를 하거나 사신을 접대하도록 하였다. 세종은 이곳에 집현전을 두어 학문하는 신하들을 가까이에 두었으며, 시각을 알리는 보루각과 천문 관측시설인 간의대, 강녕전 서쪽에는 흠경각을 짓고 시각과 사계절을 나타내는 옥루기를 설치하기도 하였다. 그러나 임진왜란 때 전소된 궁을, 추락한 왕실의 존엄과 권위를 회복하기 위해서 대원군에 의해 궁이 중건되었다. 경복궁은 많은 전각들이 복원되었지만, 창건 때의 위치를 지키고 있어 조선왕조 정궁의 면모를 확인할 수 있는 중요한 유산이라고 하겠다.

광화문

궁의 정문으로 '빛이 널리 비춘다.'라는 뜻을 담아 세종 때 '광화문'이라 이름하였다. 중건과 소실의 우여곡절을 겪었으나 역사바로잡기의 일환으로 훼손된 경복궁의 전각들을 복원하였고, 광화문은 2006년에 철거하여, 중건 당시의 모습과 위치에 복원되었다. 2023년에는 일제강점기에 훼손되었던 광화문의 월대를 복원하여 공개하기에 이른다.

근정전(국보)

근정전은 현존하는 국내 최대의 목조건물이며 조선의 가장 큰 궁궐의 정전이기도 하다. 왕의 즉위식이나 대례 등 국가 의식을 행하고 외국 사신을 맞이하던 곳이다. 전각의 명칭인 근정은 '천하의 일을 부지런히 하면 국가가 잘 다스려진다.'라는 뜻으로, 정도전이 서경의 구절을 인용하여 지었다.

설레는 유적여행

전각 내부

근정전 내부는 열두 개의 높은 기둥을 정면에 네 개, 측면으로 네 개씩 천장을 받들고, 중앙을 중심으로 안쪽과 바깥쪽을 구분하는 역할을 했다. 중앙 북쪽 뒤쪽에 보좌와 함께 임금의 자리를 배치했고, 그 뒤로 일월오악을 그린 병풍을 세웠다. 위쪽에는 화려한 구슬로 장식한 우산 모양의 장식(보개)을 달았다.

자경전

대비전으로, 고종의 양어머니인 조대비, 신정왕후를 위하여 지은 한가롭게 거처하는(연침) 건물이 되겠다. 현재 경복궁 안에 남아있는 유일한 연침 건물이라는 데에 그 역사적·건축사적 의미가 있겠다.

교태전

왕비의 침전으로, 왕비가 일상을 보내던 공간이 되겠다. 교태는 '하늘과 땅의 기운이 조화롭게 화합하여 만물이 생성한다.'라는 의미를 담고 있다.

곤녕합

건청궁 내에 있는 곤녕합은 명성황후의 안채로 건물 구조가 검소하고 품위가 있다. 명성황후가 일제에 의해 시해당한 1895년 을미사변의 치욕적인 전각이기도 하다.

· · 설레는 유적여행 · ·

장안당

건천궁 장안당은 고종의 생활과 집무 공간으로, 외교관 접견 장소로 자주 활용했던 공간이다. 국왕의 정식 침전에 비해 구조가 자유로워서 서북쪽으로 침실인 정화당, 복도를 통해 동쪽으로 명성황후의 거처인 곤녕합과 연결된 구조이다.

향원정

경복궁 후원 향원지 내의 가운데 섬에 건립된 육각형의 정자이다. '향원'은 '향기가 멀리 간다.'라는 뜻으로 왕과 왕족들이 휴식하던 후원 공간이다.

  나라에 경사가 있거나 사신이 왔을 때 연회를 베풀던 곳이다. 초기에는 작은 규모였으나, 태종 때 연못을 넓히면서 크게 지었다. 그러나 임진왜란으로 불에 타 돌기둥만 남아있다가 고종 때 다시 지었다. 연못 속에 돌로 둑을 쌓아 섬을 만들고 그 안에 누각을 세워서 돌다리 3개로 땅과 연결되도록 했다. 경회루는 단일 평면으로는 가장 큰 누각으로, 간결하면서도 호화롭게 장식한 조선 후기 누각의 특징을 잘 나타낸 가치 있는 건축 유산이다.

꿈결 같은 인생

기쁘고 즐거울 땐 꿈같은 일이 생겼다고 외치고, 괴롭고 슬플 땐 악몽 같은 일이 일어났다고 비통해하겠습니다.

이도 저도 아닌 다람쥐 쳇바퀴 도는 듯한 삶은 그야말로 꿈꾸는 듯 흘러가지요. 크고 작은 목표를 세우고, 분투하는 삶은 조금 박진감 있는 꿈이 될 수 있겠지만, 여하튼 모두 꿈일 뿐이겠습니다.

내 마음에서는 이렇게 삶이 꿈처럼 흘러가고 있지요.

"그렇다면 삶은 잠들어 있는 것인가?"

꿈을 이루든 꿈을 깨든, 특별한 차이는 없겠습니다.
잠에서 깨지 못하면, 다 꿈결 같은 인생일 뿐이지요.

적당히 살자

적당히 한다는 것이 대충이 아니라, 필요한 것을, 필요할 때, 필요한 만큼 한다는 의미가 되겠습니다. 이렇게 알맞게 적당히 한다는 것이 현실에서는 쉽지 않은 일이지요.

"나는 좀 오버하면서 살지 않았나?"
식탐으로 많이 먹고, 체력을 넘어 돌아다니며 마시고 노는 것을 즐기고, 눈을 상할 정도로 온갖 정보를 끝없이 봐 왔겠습니다.
결정적인 것은 오랫동안 아침을 거르고 활동을 했고, 학생들 수업 시간이나 평상시에도 불필요한 말을 많이 하면서 감각기관과 의식마저도 너무 과하게 사용했지요.
결국, 40대를 넘어서면서 몸을 혹사한 결과에 대한 독촉장이 차곡차곡 쌓여 가겠습니다.

"김용규 님 내일 10시에 피검사 예약되어 있습니다."
알맞음을 벗어나면 반드시 대가를 치른다는 것을 알면서도 쉽게 고쳐지지 않는다는 것이 큰 낭패를 불러오지요.
"이번 생은 그렇게 살다 죽어라!"
나를 가까이서 지켜본 사람들의 비난이 많았지만,
그래도 지금은 노력 중이고 조금은 나아졌다고 하겠습니다.
중용과 중도의 길은, 속도보다는 방향이지요.

유네스코 세계문화유산 창덕궁 · 창덕궁 후원

창덕궁은 경복궁 다음으로 지어진 별궁으로 정궁인 경복궁의 동쪽에 있다고 해서 '동궐'이라고도 한다. 성종 때부터는 여러 임금들이 본궁으로 사용한 궁궐이 되겠다. 임진왜란 때 백성들에 의해 화재로 소실된 후 광해군에 의해 다시 지어졌다. 창덕궁은 자연과 인공의 조화가 잘 이루어져 왕실뿐만 아니라 현재에도 많은 사람들의 사랑을 받고 있는 궁궐이다. 특히 창덕궁 후원은 왕과 왕족들이 휴식하던 곳으로 원래의 모습을 잘 간직한 우리나라 최고의 정원으로서 손색이 없다. 부용정·부용지·주합루·영화당·애련정·연경당 등 많은 정자와 유적이 있다. 창덕궁은 조선 왕실의 큰 사랑을 받은 실질적인 정궁이었고 파란만장한 조선의 정사 대부분을 창덕궁이 품고 있겠다.

인정전(국보)

인정전은 '어진 정치를 하라'는 의미의 공식적인 국가 행사 때의 중심 건물 정전이 되겠다. 창덕궁은 조선 3대 태종 때 정식 법궁으로 사용되었는데, 기존의 경복궁을 법궁으로 사용하지 않은 것은, 태종이 자신의 흑역사(1차 왕자의 난과 자신에게 죽임을 당한 정적 정도전이 설계한 경복궁이라는 등)를 피하고 싶었을 것으로 추정되겠다.

인정전 내부

인정전은 이름처럼 '어진 정치'를 펼치겠다는 뜻을 담아 광해군부터 철종 때까지 조선 궁궐의 핵심이었던 전각이었다. 순종 때 서구식으로 리모델링된 내부가 참으로 아쉽다.

선정전

임금이 평상시에 정사를 돌보던 전각이다. 조선 초기에는 왕의 집무실인 편전으로 사용되었고, 후기에는 왕실의 장례 의식 용도로도 사용되었다. 전각의 명칭인 '선정'은 '정치와 교육을 널리 펼친다.'라는 의미를 담고 있겠다.

설레는 유적여행

선정전 청기와

　외부에서 바라본 선정전은 창덕궁의 청와대 같은 느낌이 든다. 조선시대 유일의 청기와 건물로, 청기와는 당시에 값비싼 재료였고 염료 값도 상당히 고가였다고 하니 선정전 건물은 사치스럽게 여겨지겠다.

희정당

　희정당은 침전으로 사용하다가, 조선 후기부터 왕의 집무실로 사용한 건물로 한식 건물에 서양식 실내장식을 하고 있다. 건물 앞쪽에는 전통 건물에서 볼 수 없는 자동차가 들어설 수 있는 서양식 현관이 특이하다. 조선 후기와 대한제국시대에 왕의 사무실과 외국 사신 등을 접대하던 곳으로 사용했다. 한식과 서양식이 혼합된 건물로, 시대의 변화를 엿볼 수 있겠다.

성정각

성정각은 동궁 영역으로 세자가 공부하던 전각이 되겠다. 일제강점기에는 왕가의 내의원으로 쓰이기도 하였다. '성정'은 공자의 유교 경전인 대학에 나오는 성의와 정심이라는 말에서 따왔으며 '학문을 대하는 정성과 올바른 마음가짐'이란 의미를 담았다. 갑신정변 때 김옥균 등의 개화당은 이곳을 그들의 작전본부로 삼았다.

대조전

대조전은 왕과 왕비의 침전이자 생활 공간으로 사용된 전각으로, 대조는 '큰 공덕을 이룬다.'라는 뜻이며, 현판의 글씨는 순조가 직접 쓴 것이다. 순

•• 설레는 유적여행 ••

조의 아들인 효명세자가 대조전에서 태어났고, 성종·인조·효종·철종·순
종 등이 이곳에서 세상을 떠났다.

흥복헌

흥복헌은 대조전에 딸린 부속 전각으로 임금이 신하를 만나는 장소이다.
흥복은 '복을 불러일으킨다.'라는 뜻을 담고 있다. 한일병합조약이 강제
체결되어 국권이 피탈된, 경술국치의 역사 현장이기도 하겠다. 1910년 8월
22일 조선왕조의 마지막 어전회의에서 순종 황제에게 친일반민족행위자 이
완용·윤덕영·박제순이 '한일병합조약서'에 국새를 찍을 것을 강요하자 병
풍 뒤에서 듣고 있던 순정효황후가 국새를 치마폭에 감추었다. 그러나 황
후의 큰아버지 윤덕영이 조카인 순정효황후의 치마폭을 들추어 국새를 강
탈해 조약서에 찍게 되는 천인공노할 치욕적인 역사 현장이다.

낙선재

　낙선재는 원래 왕의 서재 겸 휴식 공간으로 지어진 전각으로 궁궐 안에 사대부 주택형식으로 지은 건물로는 낙선재와 연경당이 유일하겠다. 헌종 왕이 왕비와 대비를 위해 마련하여 왕실의 권위를 확립하고 개혁 의지를 실천하기 위한 장소로 사용했다.

낙선재 내부

　갑신정변 직후 낙선재는 고종의 집무소로 사용하고 그 후 조선왕조 마지막 후계자인 영친왕이 1963년부터 1970년까지 살았으며, 1966년부터 1989년까지는 일본인 영친 왕비 이방자 여사와 정신병을 앓고 일본에서 돌아온

• • 설레는 유적여행 • •

덕혜옹주까지 기거하고 세상과 작별했던 유난히 슬픈 역사를 간직한 곳이기도 하겠다.

석복헌

석복헌은 낙선재보다 1년 늦게 지어졌고, 헌종의 후궁 경빈 김씨가 머물렀던 전각이다. 그러나 헌종이 죽자 후궁인 경빈 김씨는 궁에서 나왔고 석복헌이 비었으나, 대조전의 화재로 순종과 순정효황후가 잠시 석복헌을 침전으로 사용하기도 했다. 1966년 순정효황후가 이곳에서 세상을 떠났다.

낙선재 화계

낙선재의 뒤편에 조성된 화초·꽃담·굴뚝 등으로 가꾸어진 아름다운 화계가 있다. 정갈하고 단아하게 전각을 품은 화계의 풍경은 낙선재의 백미라고 하겠다.

낙선재에서 바라본 아름다운 전각 상량전

설레는 유적여행

삶은 대칭이다

나무가 자라면 그림자 또한 긴 법이고, 산이 높을수록 골이 깊어지기 마련이겠습니다. 이것이 있으면 저것 또한 있는 것이지요.

누구든 살다 보면 훅하고 한 방 맞을 때가 있겠습니다.
그러나 대칭의 이치대로라면, 반드시 생각하지 못했던 의외의 선물도 따라온다는 것이지요.

하지만 우리는 그걸 받아 챙기지 못하고, 그냥 지나쳐 버리는 경우가 많은 것이 현실이니 안타까운 일이 되겠습니다.

세상의 일이든 우리의 삶이든, 모든 것은 대칭적 이치를 가지고 있다는 것이지요. 불행이라고 느껴지는 삶 속에는 축복 또한 동시에 쏟아지고 있겠습니다.

그런 대칭의 이치는 살면서 반드시 믿을만한 일이고,
믿는 자에게는 축복이 따르지요.

커피를 식혀가며 마시는 이유

복잡해진 현대생활에서 우리는 하루 종일 크고 작은 결정을 하면서 살아가겠습니다. 그리고 그 결정을 위한 도구와 기술은 너무나 발전해서 모든 게 손가락 하나로 가능해졌지요.

무서운 것은, 복잡함과 편리함의 조합이 되겠습니다.
손가락으로 누르기는 쉬워졌지만,
그것이 어떤 결과를 불러올지는 알기가 힘들어졌기 때문이지요.

나는 지금 자유롭게 뭔가를 하고 있지만,
내가 무슨 짓을 하고 있는지는 모른다는 것이 문제가 되겠습니다.

치밀하고 효율적이어서 살기 좋은 세상이지만,
동시에 복잡하고 빨라서 거품 가득한 세상이라고도 할 수 있지요.

뜨거운 커피를 천천히 식혀가며 마셔야 하는 이유가 되겠습니다.

유네스코 세계문화유산 창덕궁 후원

창덕궁 후원은 조선 태종 때 조성된 것으로 왕과 왕족들이 휴식·놀이·연회 장소로 활용된 대표적인 정원 유적이다. 고종 이후 일제에 의해 '비원(비밀스러운 정원)'으로 폄하해서 부르기도 했다. 규모는 약 13만 평에 이르는 거대한 후원으로 현재까지도 일반인이 들어갈 수 없는 곳이 많고, 과거에도 일반 백성들은 접근할 수 없는 비밀스러운 곳이었다. 북악산의 매봉을 등지고 자연 그대로 모습을 간직한 채 인위적인 요소를 적절히 융합시킨 우리나라 최고의 정원으로 손색이 없겠다. 부용정과 부용지·주합루와 어수문·영화당·애련정·연경당 등을 비롯한 많은 정자와 연지들이 곳곳에 있다. 특히 후원의 조성을 보면 당시 건축과 조경 기법의 특성을 알 수 있는 배치와 자연을 이용하는 방법을 잘 보여주고 있어 가치 있는 정원 유적이다.

부용지와 부용정

　'부용'은 연꽃을 말하고, 부용지는 창덕궁 후원의 대표적인 연못이다. 네모난 연못과 둥근 섬은 '하늘은 둥글고 땅은 네모나다.'라는 '천원지방'의 전통적인 세계관을 담았다. 남쪽 모서리에는 잉어가 물 위로 뛰어오르는 모습을 새겼는데, 왕과 신하의 관계를 물과 물고기에 빗댄 것이다. 연못의 남쪽에 부용정이 자리하여 발을 담그고 있는 모습이 수려하다. '군자가 머무는 곳에 연꽃이 있다!' 연못의 물이 고여있지 않고 휘감아 돌 수 있게 하였고, 연꽃을 띄워 썩지 않도록 하였다. 건물 주변을 보면 남쪽 언덕에는 3단의 화계를 설치하여 정원을 꾸며 놓았고, 연못 가운데에 섬 하나를 쌓고 그 뒤로 북쪽 언덕에 정조대왕의 회심작 어수문과 주합루가 보이도록 하였다. 마치 사람이 조성한 공간이 아닌 자연이 채운 공간이라고 할 수 있겠다.

　　　•• 설레는 유적여행 ••

어수문

어수문은 물고기는 신하, 물은 임금을 뜻한다. '물고기가 물을 떠나 살 수 없듯이, 신하도 임금 없이 살 수 없으니 임금에게 충성을 다하라!'라는 정조의 뜻이 담겨 있다.

주합루는 정조대왕의 개혁정책의 산실이고 조선 건축의 백미라고 하겠다.

1층 규장각과 2층 열람실인 주합루는 도서관이자 국가정책연구 및 인재양성소 역할을 한 정조 혁신정치의 공간이었다. 정조는 젊고 유능한 관료들을 이곳에서 근무하도록 하였고, 다산 정

주합루

약용이 그 대표적인 인물이다. 신분의 구분을 두지 않고 인재를 양성하였고, '우주와 하나가 된다.'라는 임금과 신하가 하나가 된다는 의미를 담은 '주합루' 편액은 정조가 직접 쓴 것이다. 어려운 환경에서 즉위한 정조는 큰 야망과 깊은 철학을 주합루에 담았다.

영화당

영화당은 왕과 신하들이 연회를 베풀거나 활을 쏘기도 한 정원과 정자로, 영조가 직접 쓴 편액이 걸려 있다. 영화당 앞마당 춘당대에서는 정조 때부터 과거 시험이 종종 치러졌던 곳으로, 고종 때 마지막 시험이 치러졌다. 춘향전의 이 도령도 이곳에서 시험을 봤다고 전해진다.

의두합

의두합은 '북두칠성(정조)을 의지한다.'라는 뜻을 담고 있다. 기울어 가던 조선을 세울 수 있었던 효명세자가 19세 때 지어서 할아버지 정조와 선대의 뜻

•• *설레는* 유적여행 ••

을 세기며 좋은 정치를 위해 공부하던 곳이다. 하지만 그 뜻을 펴지 못하고 22세의 어린 나이로 세상을 떠났다. 이후 조선의 기운도 그의 죽음만큼이나 빠르게 기울어 갔다.

애련지

애련지와 애련정은 '연꽃을 사랑한다.'라는 의미로 숙종 때 만든 연못이다.

선향재

선향재는 서재로 청나라풍 벽돌을 사용하였고, 동판을 씌운 지붕에 도르 레식 차양을 설치해 이국적인 느낌을 준다. 전통 사대부 가옥 사이에서 특별 함이 있다.

연경당

　연경당은 궁궐 속 민가 집 같은 편안함이 있는 건물로서 효명세자가 어
머니 순원왕후의 생일 잔치 등 부모를 위해서 큰 잔치를 열었던 곳이다. 또
한, 관리들을 접견하거나 외국 공사들의 연회장으로도 사용되었다. 연경당
은 단청을 생략하고 남녀의 공간을 나누어 사랑채와 안채로 구분한 것이
특징이다. 다방면에 뛰어났던 효명세자의 예술적 감각이 살아 있는 건축물
이다.

폄우사

'어리석은 이에게 돌침을 놓아 깨우치다.'라는 뜻을 담은 정자이다.

어리석음을 일깨우는 공간이라는 폄우사는 효명세자도 자주 머물던 곳이라고 전해진다. "추월 맑은 이슬 뜰에 내리고 하늘 아래 온 땅이 온통 맑구나. 영롱한 온 누리에 온화한 기운 감돌아 늦은 밤 글 읽기에 밤공기가 알맞도다."

　* 가을 달 밝은 밤에 독서를 즐기는 효명세자의 모습이 잘 표현되어 있다.

존덕정은 정조의 큰뜻이 새겨져 있는 후원에서 가장 수려한 정자다. 인조가 지었지만, 이야기를 많이 남긴 임금은 정조였다. 내부에는 정조가 지은 글, '만천명월주인옹'이 판액에 새겨져 있다. "뭇 개울들이 달을 받아 빛나고 있지만, 하늘에 있는 달은 오직 하나뿐,

존덕정

내가 바로 그달이요, 너희들은 개울이다. 그러니 내 뜻대로 움직이는 것이 태극·음양·오행의 이치에 합당한 일이다."

　* 만백성 모두를 고루고루 사랑한다는 뜻을 담았고, 당시 정조대왕의 강력한 정치사상도
　　엿볼 수 있는 글이라고 하겠다.

승재정

승재정은 '빼어난 경치가 있는 정자'라는 뜻을 담았다. 여름의 정자라 불리는 승재정은 창덕궁 후원의 언덕 위에 가장 높이 자리 잡은 정자이다. 관람정이 승재정을 바라보며 숲과 하늘을 보고 삶의 번뇌를 잊게 한다면, 승재정은 관람정과 연못을 내려다보며 세상의 모든 번뇌를 잊게 한다.

관람정

관람정은 '뱃놀이를 바라본다.'라는 의미를 담은 우리나라 유일의 부채꼴 정자가 되겠다. 관람지에 두 발을 담그고 서 있는, 기단·마루·지붕까지 모두 부채꼴 모양의 아름다운 정자로, 현판도 부채꼴 모양인 것은 화룡점정이다.

• • 설레는 유적여행 • •

존덕정 내부

백성에게 좋은 임금이 되려고 했던, 애민군주 정조
인조반정으로 쫓겨나, 실패한 임금으로 전락한 광해군
22세의 젊은 나이로 요절한, 조선의 떠오르는 희망이었던 효명세자
지금을 살아가는 우리의 역사를, 먼 훗날 후세들은 어떻게 평가할지 이런저런
생각에 글을 쓰는 내 마음이 천근만근이다.
우주와 합일한 군주와 신하는 떠나고
창덕궁 후원은 사계절이 주인이 되었다.
《김용규》

나이

청춘이든 불혹이든 노년이든, 세대에 상관없이 나만의 인생을 누리길 갈망하겠습니다. 방향이 다를지라도 그런 희망을 멈추지 않고 살아가지요.

하지만 햇살 좋은 아침을 맞이하고, 노을빛이 평화롭게 내리는 저녁을 만끽하는 하루라는 일상은 그저 그런 하루가 아닌 축복이라고 하겠습니다. 이런 삶의 진리를 아는 데는 많은 시간이 필요하지 않다는 것을 잘 알고 있지요.

환갑의 나이가 아직 청춘이라고 위로하지만, 창가에서 아침 햇살을 맞이하고, 간편한 커피 한 잔만으로도 삶에 대한 고마운 마음을 담을 수 있는 너그러운 나이는 되었다고 하겠습니다.

살면서 겪은 수많은 희로애락이, 주어진 하루를 감사와 축복으로 받아들이는 데는 꼭 필요한 자양분이었음을 깨닫게 되었지요.

삶은 한 발자국 앞으로 내딛는 것이고, 과거의 짐은 그냥 두고 주어진 하루를 감사하는 마음으로 한 걸음 가면 되겠습니다.

이 또한 무심하게 지나가겠지만.

섣부른 충고

충고할 때는 충고하는 사람과 그의 말을 듣는 사람만 있겠습니다. 단지 충고하는 그는 듣는 상대를 조금 도와줄 수 있을 뿐이지요.

이런 사실을 망각하고 자신의 능력을 크게 생각하여 지나치면, 그때부터 문제가 생길 수밖에 없겠습니다. 그래서 자기 분수를 늘 염두에 둬야 한다는 것이지요.

삶의 지혜도 마찬가지. 세상을 이해하는 방법은 다양하고, 폭넓은 식견과 경험을 가진 사람도 자신이 잘 아는 범위에서 기껏해야 몇 가지 측면만을 고려할 수 있겠습니다.

아무리 뛰어난 사람도 삶에 대한 다양한 문제의 답을 알 수 없고, 쉬운 문제조차도 해결하기 어려운 경우가 허다하지요.

알고 보면 충고하는 사람은 자신이 아는 범위 내에서 그저 약간의 훈수를 두거나 상대가 지금 어떤 상태인지 거울처럼 보여주는 정도인 경우가 많겠습니다.

이걸 놓치고 범주를 넘어서면 충고하는 자신은 물론,
그 말을 듣는 상대도 힘들어할 수밖에 없지요.
헛된 희망의 높이만큼 짜증스러움의 골짜기도 깊겠습니다.

창경궁

창경궁은 '창성하고 경사스럽다.' 기쁨이 크게 일어난다는 의미를 담은 궁궐이다. 왕실의 생활 공간을 넓히기 위해 성종 때 지어진 창덕궁의 부속적인 별궁의 성격을 가진다. 성격상 조선 왕실의 많은 이야기를 담고 있는 사도세자·소현세자·장희빈이 최후를 맞은 비운의 궁궐이기도 하다. 성종이 어머니인 덕종의 비 소해왕후, 할머니인 세조의 비 정희왕후, 작은어머니인 예종의 비 안순왕후의 평안한 노후를 위해, 수강궁(세종이 아버지 태종의 노후를 위해 마련했던 별궁) 자리를 확장해서 지은 궁궐이 되겠다. 숙종 때의 인현왕후와 장희빈, 영조 때 뒤주에 갇혀 죽임을 당한 사도세자 등의 파란만장한 이야기를 창경궁 뜰이 품고 있다. 일제강점기에는 '창경원'이라 격하시켜 동물원으로 이용되었지만, 일제의 잔재를 없애기 위한 온 국민의 노력으로 1987년부터 조선 왕궁의 모습을 되찾게 되었다.

명정전(국보)

설레는 유적여행

400년 전 모습 그대로 고풍스러운 모습을 간직하고 있는, 현존하는 궁궐 중 가장 오래된 전각이다. 왕세자 책봉식·신하들 하례·궁중 연호 등 왕실의 공식적인 행사가 열리던 중심 건물이 되겠다.

숭문당

학문을 숭상한 영조가 신하들과 공부하고 토론한 곳이다.

경춘전

'햇볕 따듯한 봄'의 뜻을 담아 성종이 어머니 인수대비를 위해서 지은 침전이다. 훗날 정조와 헌종이 여기서 태어났고 인현왕후·소혜왕후·혜경궁홍씨가 승하한 곳이기도 하다.

함인정

햇볕이 잘 드는 남향에, 넓은 뜰이 전면에 있어 임금이 많이 사용한 정자이다. 이곳에서 임금은 과거에 합격한 인재들을 만나고, 신하들과 고전을 읽으며 경연을 자주 나눴다. 특히 영·정조 때 많이 사용되었다고 전해진다.

환경전

'기쁘고 경사스럽다.'라는 의미를 담은 왕비의 침실이자 중종이 승하한 곳이다. 대장금이 중종을 치료하고 모신 곳이자 인조 때 청나라에 인질로 잡혀갔던 소현세자가 돌아와 갑자기 죽은 역사적인 장소이기도 하다.

통명전

'음과 양이 통하고 하늘의 밝은 빛이 비친다.'라는 의미를 담은 내전의 으뜸 건물이자 중전의 처소이다. 숙종·인현왕후·장희빈의 삼각관계 이야기

설레는 유적여행

가 있는 영화와 사극 드라마의 단골 메뉴 전각으로도 유명하겠다.

영춘헌

영춘헌은 정조가 집무실 겸 독서실로 오래 사용하였다. 조선의 왕 중에서 창경궁에 가장 오래 머물렀는데, 24년의 재임 기간 중 후반부 10년을 이곳에서 보냈고, 1800년 6월 이곳에서 생을 마쳤다. 영춘헌은 정조의 아버지 사도세자와 아들 순조가 태어난 곳이기도 하다. 이처럼 정조가 이곳을 고집한 것은 아버지 사도세자를 잃고 홀로된 어머니 혜경궁홍씨가 영춘원 바로 뒤쪽 언덕 위 자경전에 거처하고 있었기 때문이었다. 자경전도 정조가 마련해 준 것이니 어머니 혜경궁홍씨에 대한 큰 효심을 엿볼 수 있다.

집복헌

영춘헌 뒤편 집복헌은 후궁들이 생활하던 건물 중 유일하게 남아있다.

문정전

설레는 유적여행

문정전은 왕의 집무실인 편전으로, 왕실이 국상을 당했을 때 3년 동안 신위를 모시던 전각으로도 여러 차례 사용되었다. 사도세자가 뒤주에 갇혀 죽임을 당한 '임오화변'의 비극이 서린 역사적인 현장이기도 하다.

선인문

주로 궐내 각사에 근무하는 신하들이 출입하던 문으로, 특히 조선 왕실의 비극과 관련이 많다. 연산군이 유배를 떠날 때 나간 문이고, 사약을 마시고 죽은 장희빈도 이 문을 통해 궁을 나갔다. 문정전에서 뒤주에 갇힌 사도세자가 선인문 앞에 옮겨져 8일 만에 더위와 굶주림으로 28세의 짧은 생을 마감한 곳이기도 하다. 이런 연유로 사람들은 '지옥문'이라고도 하겠다.

마음의 길

청춘 시절에는 내 마음을 말이나 글로 표현하기가 쉽지 않았지요.

어느 정도 나이가 들고 나서는 자주 사용하는 말이나 글에 없는 마음은 생각조차 할 수 없게 되었습니다. 내 마음이 말이나 문자의 노예가 되어버린 것은 아닌지 돌아보게 되지요.

인간은 사회적 동물이고, 사회적 동물인 우리는 언어로 살아가지만, 존재는 언어가 아닌 마음으로 살아가겠습니다.

좋은 삶을 위해서는 자신이 하는 말이나 언어의 길을 벗어나
마음의 길을 열어야 하지요.

그것은 한결같이 좋은 마음이 되겠습니다.

만 가지 병

　몸이든 마음이든 만 가지 병은 유전이나 살아온 환경에 의한 결과라고 보면 되겠습니다. 그러나 스무 살 이후의 개인적인 선택이 빠질 수 없는 요인이지요. 내게는 노안·고혈압·목·어깨 등의 문제가 있는데 잘못된 생활 습관의 문제라고 하겠습니다.

　오랜 자취 생활이 큰 원인이 되겠고, 불편한 자세로 앉아서 긴 시간 동안 책을 읽거나 모니터를 보는 것이 평생에 걸쳐 일어난, 아니 내가 한 일이지요. 또 그 속을 살펴보면 식탐이 있고, 짜고 자극적인 음식과 음주 등으로 혈압상승에 영향을 주었고, 신경도 예민하니 만성적인 소화 문제 등, 이렇게 병은 많은 부분 자신이 잘못 산 것에 대한 결과임을 받아들이면 스스로 개선할 수 있는 여지가 있겠습니다. 우리 마음도 이와 다르지 않겠는데, 건강에 문제가 있다면 자신의 마음 씀씀이에도 불균형이 있었다는 말이지요. 모든 것은 균형이 잡히고 조화로워야 하는데, 살면서 겪는 심적 괴로움은 조금 과격하게 균형을 잡는 것이라고 보면 되겠습니다.

　점차 균형이 잡히면 의도하지 않아도 조화롭게 살아갈 수 있지요. 치우침이 없고, 고정되지 않는 것이 몸과 마음의 건강이라고 할 수 있겠습니다. 무엇보다 가장 크게 얻는 것은 내일을 근심하며 살지 않아도 된다는 것이지요.

유네스코 세계문화유산 종묘

종묘는 조선 왕들의 신주가 모셔져 있는 국가 사당이며 유교적 성전으로, 조선시대 최초의 전각이 되겠다. 나무로 지어진 건축물 중, 그 규모가 세계에서 가장 큰 것으로 여겨지고 있다. 궁전이나 절이 화려하다면, 종묘는 제향하는 곳으로, 단정하고 검소하며 당당한 기품과 위엄이 느껴지도록 지어졌다. 정전은 왕과 왕비의 위패를 모시는 곳으로 현재 19실로 이루어져 있고 49분의 신위가 모셔져 있다. 태조 이성계가 조선을 건국하고 경복궁보다 가장 먼저 지은 것이 종묘이고, 종묘는 조선왕조 그 자체라고 할 수 있겠다. 유교를 바탕으로 왕과 왕비의 신주를 모시고 제사를 지내는, 조선 왕실과 나라를 상징하는 대표적인 건축물이라는 가치를 인정받아 1995년에 석굴암과 함께 우리나라 최초로 유네스코 세계문화유산에 등재되었다.

설레는 유적여행

신실

향대청 제사 전날 왕이 종묘제례에 사용하기 위해 내린 제사 예물을 보관하고, 종묘 제례 시 제관들이 대기하던 전각이 되겠다.

양녕전

영녕전은 정전에 계속 모시지 않는 왕과 왕비의 신위를 옮겨 모시고 제
사하는 별묘이다. 세종이 정종의 신위를 종묘에 모실 때 정전의 공간이 부
족하여 별도로 건립되었다. 현재 영녕전에는 태조의 4대조인 목조·익조·도
조·환조와 왕비들의 신위를 모셨고, 제5실부터는 정종과 왕비·문종과 왕
비·단종과 왕비·덕종과 왕비·예종과 왕비·인종과 왕비·명종과 왕비·원종
과 왕비·경종과 왕비·진종과 왕비·장조와 왕비·의민황태자와 황태자비의
신위가 제16실까지 모두 34위가 모셔져 있겠다. 종묘는 조선을 건국한 태
조 이성계가 한양으로 천도할 당시 중국의 제도를 본떠 경복궁의 동쪽에
건축하였다. 별묘인 영녕전은 길이가 100m가 넘는 엄숙함과 장엄함, 반복
과 대칭의 미학이 지나칠 정도로 압도적이다.

설레는 유적여행

꿈속을 헤매는 삶

해가 갈수록 새로운 경험으로부터 삶을 배울 수 있는 기회가 점점 줄어들겠습니다. 무너져 가는 몸이 받쳐주질 않기 때문이지만 반면에 좋은 점도 있지요.

정신은 좀 더 무르익고 균형이 잡히기 때문에 몸이 아닌 정신으로 하는 경험은 얼마든지 가능하겠습니다. 나이가 들면 경험을 바탕으로 한, 정신적 시행착오 말고는 딱히 좋은 길은 보이지 않지요.

"우리가 원하는 것은 그것이 아니다!"
이 같은 조언을 아무리 해줘도 마음에 와닿지도 않겠습니다.

마음에 와닿으려면 진절머리가 나도록 경험한 후, 그게 아니라는 것을 몸소 깨닫는 상황쯤 되어야 알아차리기 때문이지요.
그런 다음에 욕심을 내려놓게 되는 것이 자연스러운 흐름이고, 그 흐름이 어리석은 삶에서 벗어날 수 있도록 하겠습니다.

물론 욕심을 내려놓고, 좀 더 자유로운 일상을 누리는 것이 말처럼 쉽지는 않지요. 마음의 문제이긴 하지만, 그래도 이것을 알 때까지는 꿈속을 헤매는 삶에서 한시도 벗어날 수가 없겠습니다.

가벼워져라

무엇이든 잃게 되면 슬픔과 좌절로 인한 일상은 물론이고 가치관까지도 무너질 수 있겠습니다. 상심증후군 같은 것이지요.

본래 삶은 서로 끊임없이 이어가는 마음인데, 마치 바퀴가 멈추면 자전거도 멈추듯, 그냥 딱 살고 싶은 마음이 사라지겠습니다.

상심증후군이든 이어지는 마음이든, 그 마음이 무너지면 하루아침에 모든 것을 무너뜨릴 수 있지요. 백발이 되기도 하고, 시력이 악화되거나 갑자기 심장이 멈추기도 하겠습니다.

"무엇이 그토록 고통스럽게 하나?"

조금만 침착하면 잃어버리고 좌절된 것을 살펴볼 수 있고, 좀 더 여유를 가지면 그게 그토록 가치 있는 것인지 생각해 볼 수도 있지요.

산에서 길을 잃었을 때 본능에 따라 내려가면 안 되는 것은, 시야가 좁아져서 길 찾기가 힘들고, 천 길 낭떠러지가 기다리고 있을 가능성이 크기 때문이겠습니다. 당연히 위로 올라가 조망을 확보해서 길을 찾아야 하고, 또 올라가려면 짐을 가볍게 하는 것이 중요하지요.

나를 짓누르는 것들은 최대한 내려놓고 길을 찾아 나서는 것, 길 잃은 자의 지혜라고 하겠습니다.

인생 여정도 욕심, 무리한 계획, 집착 같은 것이 큰 걸림돌이 되고 나를 짓누르는 가장 무거운 짐이 되지요. 지키고 싶은 욕심 때문에 악착같이 붙들어서 함께 추락하지 말고, 내려놓고 가볍게 가야 하겠습니다. 삶의 괴로움을 줄이고, 자유롭고 행복한 여정을 위해선 그럴 가치가 충분히 있지요.

산성의 걸작·천혜의 요새
남한산성

남한산성은 해발 약 500m의 능선을 따라 둘레 11km 정도의 성벽을 구축하고 있는데 특히 조선 인조 때 쌓은 산성의 본성에는 동·서·남·북 성문이 있어 동은 좌익문·서는 우익문·남은 지화문·북은 전승문이라고 하겠다.

"무엇이 임금이옵니까
오랑캐의 발밑을 기어서라도
제 나라 백성이 살아서 걸어갈 길을 열어줄 수 있는 자만이
신하와 백성이 따를 수 있는 임금이옵니다."
《영화 '남한산성'에서 이조판서 최명길》

남한산성 행궁

왕이 도성을 떠나 행차할 때 임시로 거처하는 별궁이다. 조선시대에는 모두 20여 곳의 행궁이 있었고 그중 강화도·북한산성·남한산성 행궁은 전쟁을 대비한 행궁이었다. 특히 남한산성 행궁은 종묘와 사직에 해당하는 좌전과 우실 등을 지은 특별한 행궁으로 숙종·영조·정조·철종·고종 등이 능행길에 들르고 머물며 특별히 관리하던 곳이기도 하다.

한남루

설레는 유적여행

내행전

왕의 침전으로 격식이 높으나, 왕의 안위를 위해 폐쇄적인 구조로 지어졌다.

연무관

　군사훈련을 관장하던 군사 지휘소로, 남한산성을 개축할 때 건립되었다. 건립 당시 조선의 상황은 후금의 군사적 압박, 이괄의 난 등으로 국내외적으로 불안한 상태에서 조정은 임금과 조정이 대피할 장소가 필요하다고 판단하였고, 방어 요새로 적합한 남한산성을 정비했다. 왕실의 대피처로 갖추어야 할 행정과 군사 시설을 설치하면서 연무관도 함께 설치하였다. 군사들의 훈련 관장, 무기 시연과 같은 군 행사를 열기도 하였다.

수어장대

　유일하게 남아있는 장대 전각으로, 남한산성의 전각 중 가장 화려하고 웅
장하다. 인조가 즉위하여 왕실에 필요한 지휘·관측을 위한 군사적 목적으로
막대한 비용과 노력을 들여 지었다. 그러나 아쉽게도 제구실하지 못한 뼈아
픈 건물이 되고 말았다.

　　· · 설레는 유적여행 · ·

남문(지화문)

남한산성에서 가장 크고 웅장한 중심 성문으로 현재에도 사람들의 출입이 가장 많은 문이다. 병자호란 때 인조가 이 문으로 들어왔으나 삼전도로 항복하러 갈 때는 청의 홍타이지가 죄인으로 취급하여 남문보다 좁은 서문으로 내려오도록 하였다.

서문(우익문)

인조가 항복하러 갈 때 나간 역사적인 문이다. 지금의 잠실에 있던 한강나루터 삼전도에서 청의 홍타이지에게 3번 절하고 9번 머리를 조아리는 치욕을 당하며 항복했다. 2만 명 이상이 죽고, 50만 명의 전쟁노예, 해마다 조공 상납, 청의 전쟁에 병사 지원 등 250년 동안 지속된 전무후무한 치욕의 우리 역사다. 서문은 남한산성의 문들 중 가장 작은 문으로 말을 타고 통과할 수 없어 인조는 말에서 내려 걸어 나가야만 했다.

출발부터 치욕적이었고, 우리 역사에서 가장 좁은 문이 되었다.

인간 문명은 역사 속에서 반복되는 것이고, 과거의 역사에서 교훈을 얻지 못하면 치욕의 역사는 또다시 반복될 수밖에 없다. 우리 민족에게 남한산성이 불편한 이유 하나가 되겠다.

삼전도 비문
"우리 임금 돌아오신 것은 황제께서 선사하심이요
황제께서 군사 돌이키시어 우리 백성 살리셨네
우리가 동란 속에 흩어진 것을 불쌍히 여기시고
우리에게 농사일을 권면하셨네
국토를 온전히 옛날과 같게 하시니 비취빛 단소 더욱 새롭네
메마른 뼈에 다시 살이 났다네
얼어붙은 풀뿌리에 다시 봄이 왔다네
비석이 우뚝 섰다네
큰 강의 머리에 만년을 가리라 삼한은 황제의 은덕으로"
《도승지 이경석》

설레는 유적여행

쓸모의 역설

쓸모 있는 것은, 역설적으로 쓸모없는 것에 의지하고 있겠습니다.

잠자는 것은 아무것도 안 하는 시간이 아니라, 오히려 역동적으로 우리 몸을 정비하는 시간이지요. 생리적 안정·집중력·창의력과 같은 정신 능률 향상, 심리적 안정·면역력 향상 등이 잠잘 때 이루어진다고 잘 알려져 있겠습니다.

워커홀릭으로 깊이 잠들 수 없고 충분히 잘 수도 없는,
마치 근면 성실이 미덕인 것으로 여기는 현대 사회는
수면 박탈의 사회라고 할 수 있지요.

이렇게 쓸모없다고 여겨지는 것들을 외면해 버리면
쓸모 있는 것들도 함께 망가질 수 있음을 알아야 하겠습니다.

따라서 쓸모없다고 여겨지는 것에서 쓸모를 발견하고,
그것을 누리는 지혜가 필요한 세상이지요.

찬찬히 살피면 세상 그 무엇도 다 쓸모가 있겠습니다.

의도하지 않는 삶

일부러, 억지로, 의도적으로 하지 않는 삶을 생각해 보겠습니다.

가끔, 문득 떠오르는 옛 기억들은 대부분 부끄럽기도 하고, 결과가 좋지 못한 것들이 많지요. 그것들의 대부분은 의도적이거나 계산적으로 행동했던 일들이었기 때문이겠습니다.

좋고 나쁨의 이분법적 생각을 내려놓거나, 아무것도 하지 않는다는 것은 의도하지 않고, 내 판단으로 낙인찍지 않고, 교묘히 조정하려 들지 않는다는 뜻이지요. 인생이란 이것저것 들이밀다 마음먹은 대로 안 되면서 끝나 버리는, 재미없는 이야기라고도 하겠습니다.

호랑이를 그리려다 고양이를 그리고 마는 그림 같은 것이지요.

"호랑이와 고양이가 따로 있겠나?"

오직 내 마음속의 일일 뿐이고, 어떻게 보여도 상관없겠습니다.

이렇든 저렇든 다 아름답고 훌륭한 것이지요.

홀로 눈을 감고 사색이 깊어지면 고요해지겠는데,

그 고요를 틈타 올라오는 기억들이 가장 골칫덩어리가 되겠습니다.

모두 내가 뭔가 어찌해 보려고 의도했던 일들이지요.

마음공부는 어렵게 여겨지지만, 어떻게 보면 누구나 겪고 넘어야 할 것들은 정해져 있기에 생각보다는 쉬울 수도 있겠습니다. 폭주열차 같은 삶에서도 찬찬히 나를 살피며 가는 것은 중요한 일이지요.

낙수에 바위가 뚫리듯.

정조의 집념이 담긴 왕권의 상징·화려함의 극치

수원화성

아버지 사도세자를 향한 정조의 효심을 담아 조선의 첨단기술을 총동원해 건설된 신도시이다. 조선판 어벤져스 다산 정약용·단원 김홍도·번암 채재공 등에 의해서 축조된 성곽이다. 산성과 읍성의 기능을 융합한 조선의 계획도시이고 우리나라 성 중 가장 아름다운 성이라고 할 수 있겠다. 정약용의 거중기 같은 획기적인 발명기구로 공사가 3년 정도에 완공되는 기적적인 성과를 이루었다. 정조가 노론들의 거센 반대에도 불구하고 혁신도시 건설을 통해 붕당정치를 타파하여 정치적 위엄을 드러내려는 의지를 강력하게 보여준 수원화성이다. 어머니 혜경궁홍씨와 죽은 아버지 사도세자의 회갑연을 화성행궁에서 기념하게 되는 것이 역사적인 8일간의 화성 행차였다. 정조는 아들 순조가 15세가 되는 해에 왕위를 물려주고, 이곳에서 노후를 보내려 했지만, 그 꿈을 이루지 못하고 안타까운 죽음을 맞이했다.

신풍루

신풍루는 행궁 출입문으로서 '임금의 새로운 고향'이라는 수원화성을 고향처럼 생각한 정조의 마음을 담았다.

봉수당

화성 행궁의 핵심인 정전건물로 왕의 집무 공간과 침전이 되겠다. 정조는 어머니 혜경궁의 회갑연을 창덕궁이 아닌 이곳 봉수당에서 궁중연회에 버금가게 거행했다. 이때 정조는 어머니 혜경궁홍씨의 장수를 기원하며 '만년의 수를 받들어 빈다.'라는 뜻으로 '봉수당'이라 지었다.

장낙당

화성 행차 때 혜경궁홍씨가 머물 수 있는 공간으로 지었다. 장낙당은 임금이 있는 정전 건물인 봉수당과 연결되어 자유롭게 이동할 수 있도록 하였는데, 어머니 혜경궁홍씨에 대한 정조의 지극한 효심을 엿볼 수 있다. 어머니의 만수무강을 바라는 마음으로 현판에 '장낙당'이라 친히 이름을 내렸다.

•• 설레는 유적여행 ••

노래당

   정조는 세자(순조)가 15세가 되면 왕위를 물려주고 화성으로 내려와 노년을 보내겠다는 소망을 담아 '늙음이 찾아온다.'라고 '노래당'이라 이름하였다. 노래당으로 들어오는 문은 '난로문'이라 붙였는데 젊음이 오래도록 지속되기를 소망했던 정조의 속내를 엿볼 수 있는 대목이다.

낙남헌

   중국 한나라를 세운 유방이 부하들 덕분에 나라를 세울 수 있었음을 감사하며 낙양의 남궁에서 연회를 베풀었다는 이야기를 담아 지은 건물이다. 연회나 행사 때 사용하였고, 과거시험을 치르고 합격증을 내리는 행사도 했다.

유여택

　시경에서 주나라 기산을 가리켜 '하늘이 산을 만들어 주시어 거처하게 하였다.'라는 고사를 인용해서 지은 이름이다. 정조는 이곳에서 신하들에게 보고를 받고, 과거시험에 합격한 사람들에게 상을 내리기도 하였다.

　행궁 후원에 세운 소박한 정자로 '육면정'이라는 이름으로 세워졌고, 이후 '미로한정'으로 이름을 바꾸었다. 행궁의 후원 서쪽 담에 위치하며 '장래에 늙어서 한가하게 쉴 정자'라는 뜻이다. 아들 순조에게 왕위를 물려주고 수원에 내려와 한가한 노년을 꿈꿨던 정조의 애틋함이 담겨 있는 정자이다.

미로한정

화홍문

화성에는 수원천이 남북으로 가로질러 흐르는데 성의 연결 부분에 수문을 설치하여 북쪽은 북수문, 남쪽에는 남수문을 두었다. 화홍문은 화성의 북수문으로 7개의 무지개 모양 수문이 설치되어 있는데, 그 크기가 다르다는 것이 눈여겨 볼만하다. 가운데 수문이 좌우의 수문보다 넓고 크게 설치되어 내리는 비의 양을 효과적으로 조절할 수 있게 하였다.

화홍문

동북포루

　동북포루는 군사들이 머물던 시설로 화성에는 모두 5개의 포루가 있지만, 동북포루는 특별하다. 여장과 건물 사이를 벽돌로 채워 '벽등'이라는 단을 만들고 누각의 계단도 벽돌로 만든 것이 다른 포루에서 볼 수 없는 특징이다. 지붕 양 끝에 용머리 장식도 동북포루에서만 볼 수 있겠다.

동북포루

・・ 설레는 유적여행 ・・

방화수류정

방화수류정은 수원화성의 백미가 되겠다. 지휘소로 만든 군사 시설이지만, 그 자체도 아름답고, 주변 경관과도 잘 어울리는 형태를 담고 있다. 방화수류정 이름은 송나라의 시인 정호의 시구 중 '구름 맑고 바람 산들한 한낮에 꽃 찾아 버들 따라 시냇물을 건너니'에서 따왔다.

방화수류정

용연과 방화수류정

용연과 어우러진 방화수류정은 '꽃을 찾고 버들을 따라 노닌다.'라는 의미에 걸맞게 경관이 수려하다. 정자는 독특한 평면과 지붕 형태 때문에 보는 위치에 따라 다른 모습을 하고, 이 때문에 화성에서 가장 독창적이고 아름다운 건축물로 평가된다.

정조의 꿈이 서린 수원

경기도의 핵심 도시가 된 지금의 수원, 세계문화유산이 된 수원화성, 정조의 혁신도시의 꿈은 지금도 끝나지 않았다. 계몽군주 정조, 뒤주에 갇혀 죽임을 당한 아버지 사도세자, 비운의 어머니 혜경궁홍씨, 왕실의 파란만장한 가족사와 그들의 삶을 따라 걸으면 지금을 살고 있는 우리의 삶이 이들과 크게 다르지 않겠다.

· · *설레는* 유적여행 · ·

삶의 쓴맛

살다가 나쁜 일이 생기고, 느닷없이 안 좋은 상황에 직면하게 되면, 몸이든 마음이든 견뎌내기가 쉽지 않겠습니다. 하지만 더 힘들게 하는 것은 그 상황의 고통을 혼자서 외롭게 느껴야만 할 때이지요.

곁에 있어 줄 사람이 전혀 없는 경우도 있을 것이고, 찾아보면 곁에 있어 줄 사람이 없는 것은 아니지만, 남을 곁에 두기가 부끄럽거나 부담스러워 밀쳐 내는 사람도 있겠습니다.

그래서 고통에 외로움까지 덮쳐버리고, 홀로 그것을 감내할 때 삶의 가장 쓴맛을 맛보게 되지요. 그저 쓰기만 한 것이 아니라 그렇게 꺾인 목덜미는 다시 곧게 세우기도 쉽지 않겠습니다.

삶의 가장 비참한 순간이 그때임을 절실히 맛보게 되지요.
"지금 내 삶의 맛은 어떤가?"

분노의 위험

온몸이 바닥으로 떨어져서 가누지 못할 지경이 되어도 감정은 여전히 꿈틀거리겠습니다. 뇌가 하는 일이라 에너지도 많이 들지요.

더 나아가 감정은 지적 수준을 넘어 호르몬으로 활동할 준비를 하겠습니다. 몸과 마음이 함께 움직이는 것이지요.

웃음은 보약과 같은 것이고, 슬픔이라 할지라도 반드시 나쁨과 좋음이 있겠습니다. 고해성사 같은 것으로 정화되기도 하겠지만, 이 또한 지나치면 몸이 감당할 수 없는 상심에 빠질 수 있지요.

그래서 너무 골똘히 생각하는 것은 몸에도 나쁘고, 엄청난 에너지를 소진하겠습니다. 잘못 빠지면 지옥문이 따로 없지요.

특히 위험한 것은 분노가 용광로처럼 끓어오르는 것이 되겠습니다. 죽기 살기로 몸과 상관없이 전쟁 같은 삶을 독촉하기 때문이지요.

세상과 싸우기도 전에 제풀에 골로 갈 수도 있으니,
힘이 간당간당하다 싶으면 분노를 경계해야 하겠습니다.

우선 분노가 치밀어오르면 위기임을 알아차리고, 그 이유가 타당할지라도 분노는 무조건 잘못된 것으로 각인해 두는 것이 지혜이지요.

자기 몸에 먼저 불을 지르지 않으면
다른 사람들에게 불을 지를 이유가 없기 때문이겠습니다.

신들의 정원
조선왕릉

　조선왕릉은 폐위된 연산군·광해군을 제외하면 왕위에 올랐던 27명의 왕과 그 왕비뿐 아니라 사후 추존된 왕과 왕비가 묻힌 총 42기의 왕릉이 있다. 이 중 40기는 대한민국에, 2기는 북한에 있다. 왕릉은 도성 밖으로 10~100리 안쪽에 조성하도록 하여 대부분 경기도 권역에 있고, 5기가 서울에 있다. 당시 행정구역상 서울도 경기도권이었고, 북한 개경에 있는 제2대 정종 왕릉도 경기도권에 속했다. 왕릉을 10리밖에 조성하는 의미는 백성들이 사는 공간을 침해하지 않기 위함이고, 100리 안은 후대 왕이 참배하는 데 불편함이 없도록 하기 위함이었다. 유배지에서 묻힌 영월의 단종릉(장릉)과 풍수지리상 좋은 자리를 택한 여주의 세종릉(영릉)만 예외로 했다. 조선왕릉은 조선의 역사·문화·건축기술·과학·유교 이념 등에 기반한 통치 철학까지 조선시대의 보편적 가치를 온전히 담고 있는 탁월한 문화유산이라고 하겠다.

경기도 화성 융릉

재실

제사와 관련한 전반적인 준비를 하는 전각이다.

홍살문

홍살문은 왕릉에서 신이 지나다니는 문으로 이 문을 들어가면 신들의 영역이 되겠다. 정조가 아버지 사도세자에 대한 그리움과 지극한 효심으로 조성한 융릉은 '존중히 드높여 융성하게 기리시라'는 의미를 담았다.

설레는 유적여행

참도

　정자각으로 들어가는 박석으로 깔아놓은 길로, 왼쪽 높은 길은 제관이
향과 축문을 들고 가는 길이고, 오른쪽은 왕이 다니는 길이다.

정자각

　제향을 올리는 성스러운 공간으로, 산 자와 죽은 자가 만나는 제향을 지
내는 공간이다.

정자각과 융릉 능침

장조 사도세자와 헌경왕후 혜경궁홍씨의 합장릉이다. 부모에 대한 정조의 효심이 아름다운 융릉 하나를 남겼다. 혜경궁홍씨는 열 살 에 사도세자의 세자빈으로 책봉되어 영조와 세자의 사랑을 받지만, 나이 열여덟에 첫아들이 죽은 후부터 한 많은 일생이 시작되겠다. 노론인 친정과 소론과 가까운 남편 사이에서 비운이 깊어지고, 남편과 시아버지인 영조 사이의 골은 점점 깊어만 갔다. 사도세자의 정신병적 증세와 기행은 발작을 넘어 살인까지 하게 된다. 보다 못한 사도세자의 생모 선희궁은 영조에게 아들의 행태를 밝히고, 영조도 아들 사도세자를 포기하기에 이른다. 결국, 삼복더위에 사도세자가 뒤주에 갇혀 죽는 비극적인 왕실의 역사가 묻혀있는 곳이다. 혜경궁홍씨는 이런 한 맺힌 삶을, 피눈물로 『한중록』에 남겼다.

설레는 유적여행

나는 사도세자의 아들이다!
정조와 효의선왕후 김씨의 합장릉

건릉

정조와 효의선왕후 김씨의 합장릉으로 '쉬지 않고 가고 있는 하늘의 도'를 상징하는 의미를 담고 있는 왕릉이다. 본래 융릉의 서쪽에 매장했다가, 효의왕후가 승하한 뒤 능을 융릉 동쪽으로 옮겨 합장하였다. 전반적으로 조선왕릉의 표준을 따르고 있다. 바로 옆에 위치하고 있는 융릉과 비교해 보았을 때, 융릉이 봉분에 화려한 병풍석과 난간석을 두른 데 반해서, 건릉은 병풍석 없이 난간석만 두르고 있다는 점에 차이가 있겠다. 다만, 조선 후기의 왕릉 형식에 맞게 석물들이 화려하고, 문인석도 문무백관들이 국가 행사 때 입는 대례복을 입고 있다는 점이 특징이다.

불꽃같은 삶을 살다간 개혁군주 정조대왕

　정조는 부모의 묘를 옮기고 자신도 곁에 묻혔다. 노론들의 끊임없는 압력과 권력다툼 속에 왕이 된 정조는 할아버지 영조의 뜻을 이어가고, 죽은 아버지 사도세자와 생모 혜경궁홍씨를 누구보다 극진히 섬겼다. 개혁적인 정책과 왕권 강화에 전력을 다했지만, 개혁적 산물들은 꽃을 피우기도 전에 갑작스러운 죽음 앞에 역사 속으로 퇴장하였다. 죽은 후 그의 흔적은 사라져갔고 조선의 국운도 점차 기울어 갔다. 그러나 정조는 그 누구도 흔들 수 없는 개혁정치의 상징인 규장각과 지극한 효심으로 완성한 세계문화유산 수원 화성과 융·건릉을 남겼다. 그는 선왕인 영조처럼 스스로 임금이면서 만백성의 스승이 되기를 자처했고, 누구보다 열심히 공부하고, 백성을 사랑한 천재 애민군주였다. 그것은 왕권을 강화하고 백성의 풍요와 평안한 삶을 위한 간절함 때문이었다.

　　·· 설레는 유적여행 ··

휩쓸려 가느냐, 흘러가느냐

살아 있는 한, 크고 작은 스트레스를 피하기가 어렵겠습니다.

물론 그것이 적절하다면 오히려 삶에 탄력을 주기도 하고 분발할 수 있는 자극제가 되기도 하지요. 그러나 스트레스가 지나치면 총구가 자신을 향해 치명적인 타격을 줄 수도 있지요.

항상 지나침이 낭패를 불러오겠는데, 계속 과잉 노출되는 것이 원인이 되겠습니다. 생리적으로는 바람·빛·소음으로 풍화되고, 심리적으로는 지나친 생각과 감정 때문이지요.

이쯤 되면 누구든 삶이 소진될 수밖에 없겠습니다. 그래서 몸과 마음뿐만 아니라 복잡한 생각까지도 다스려야 할 필요가 있지요.

우리는 과로와 극한의 감정 노동 시대를 살고 있고, 그렇다고 누가 억지로 시킨 것도 아니겠습니다. 내가 어떻게 할 수 없는 시대의 물결에 휩쓸려 가는 삶을 살고 있을 뿐이지요.

물결을 따라 자연스럽게 흘러가는 삶과는 뉘앙스가 다르지요.
휩쓸려 가느냐, 흘러가느냐.

걸림돌

청춘 시절에는 욕망이 충족되지 못한 것들 때문에
불편하고 불만스러웠지요.

오십 대에 조금 찾아온 편안함이란 것이
청춘 시절의 그런 욕망이 충족되었다기보다는
뭔가가 빠져나가도 별일 없었고,
이것은 저것을 함께 데리고 가기 때문이겠습니다.

세월이 잘 내려앉은 사람들이나
자기 속에 있는 것들이 잘 빠져나가서
그저 쳐다보기 좋은 사람을 만나면 내 마음까지 편안해지지요.

내 속에 내가 너무 많은 것이 항상 걸림돌이 되겠습니다.

설레는 유적여행

단종유적

비운의 왕 단종의 비극적 생애 그 슬픔이 영월 서강을 휘돌아

영월 청령포

영월 청령포는 어린 나이에 왕위를 빼앗긴 단종(이홍위)의 유배지로 숙부인 세조가 왕위를 찬탈한 후, 측근들의 탄핵으로 이곳에 유배되어 죽임을 당한 슬픈 역사를 간직한 곳이다. 서쪽으로는 육육봉의 암벽이 솟아 있고 삼면이 서강으로 둘러싸여 섬과 같이 형성된 곳이다. 단종이 생활했던 어소와 한양에 남겨진 정순왕후를 생각하며 쌓은 돌탑과 노산대, 외인의 접근을 금하기 위해 영조가 세웠다는 금표비가 있고, 천연기념물인 관음송과 울창한 소나무 숲이 남아있는 슬픔과 번뇌가 서린 유서 깊은 유적이 되겠다.

단종의 슬픔이 서강을 휘돌아 청령포를 둘러싸고 있고, 한반도처럼 생긴 지형이다. 유배되던 해 여름, 홍수로 강이 범람하여 청령포가 물에 잠기면서 단종이 강 건너 객사인 관풍헌으로 처소를 옮기기 전까지 두어 달간 이곳에 갇혀 있었다. 워낙 지세가 험하고 강으로 둘러싸여 있어서 단종은 이곳을 '육지고도'라 했다. 슬픈 역사를 간직한 유서 깊은 청령포가 주위를 휘도는 서강과 어우러져 풍광이 뛰어난 명승지이기도 하겠다.

단종 어소

    단종이 생전 머물렀던 곳으로 밤에 몰래 찾아온 고을 향리 엄흥도와 대화를 나누었던 공간이기도 하다. 엄흥도는 어소에 무단으로 출입하면 삼족을 멸한다는 어명에도 불구하고, 밤이면 청령포 단종 어소에 자주 들르면서 단종이 영면할 때까지 말동무가 되어주었다는 이야기가 전해진다.

단묘재본부시유지비

관음송(천연기념물)

설레는 유적여행

관풍헌

　관풍헌은 영월 객사 건물로 지방 수령들이 업무를 처리하던 건물이다. 청령포에 홍수가 나자 단종의 임시 거처로 사용되었던 건물로, 단종은 관풍헌에 머물며 자규루(매죽루)에 올라 자규시를 읊었다고 전해진다.

　자규루(매죽루)는 단종이 유배되었을 때 잠시 지내던 관풍헌 객사 누각이다. '자규'란 '피를 토하면서 구슬피 운다는 소쩍새'를 가리키는 말로 단종 자신의

자규루

처지를 빗대어 지었다. 자규시가 너무 슬퍼 누각 이름을 매죽루에서 자규루로 바꿨다고 하겠다. 단종은 청령포에 유배되어 있다가 홍수가 나서 이곳으로 옮겨와 생활했다. 그즈음 단종 복위 운동이 일어나자 세조의 명에 의해 1457년 10월 24일 금부도사 왕방연이 가지고 온 사약을 먹고 공생 화득에게 목이 졸려 죽임을 당하면서 17세의 짧은 생을 마감했다. 단종이 비참하게 죽은 역사의 현장이 바로 이 관풍헌·자규루 앞마당이다.

유네스코 세계문화유산 장릉

　슬픔보다 더 슬픈 조선 제6대 왕 단종의 능으로 조선왕릉 가운데 유일하게 서울·경기를 떠나있는 복잡하고 슬픈 사연의 왕릉이라고 하겠다. 단종은 영월로 유배되어 죽임을 당하고, 시신이 강에 버려지면서 영월 지역장인 엄흥도가 시신을 운구하여 산자락에 몰래 매장한 것으로 전해진다. 중종 때 무덤을 찾으라는 명을 받고 수소문했으나 찾을 수 없던 차에 영월군수 박충원이 발견하여 묘소를 정비하게 된, 죽어서도 우여곡절이 많은 왕릉이다.

엄흥도 정려각(엄흥도의 충절)

장판옥

설레는 유적여행

장판옥은 단종을 위해 끝까지 충절을 지키며 목숨을 바친 268인의 위패를 모셔놓은 전각이다. 안평대군·금성대군·사육신 등이 포함되어 있겠다.

영월 장릉

남양주 사릉(정순왕후)

경기도 남양주에 있는 18세에 단종과 이별한 정순왕후 송씨의 능이다. 묘는 단종의 누나 경혜공주의 시댁에서 조성하고, 제사도 지냈다. 이후 숙종 때 정순왕후로 복위되면서 묘를 '사릉'이라 하고 다시 조성하였다. 정순왕후는 15세에 왕비가 되고 18세에 단종과 이별하면서 82세까지 혼자 살았던 비운의 왕비이다. 남편 단종이 영월에서 세상을 떠나자, 매일 뒷산에 올라 단종이 있는 영월을 향해 통곡을 했다. 곡소리가 아랫마을까지 들려 마을 여인들이 땅을 한 번 치고 가슴을 한 번 치는 '동정곡'을 했다고 전해진다. 그 뒤로 이 산봉우리는 동쪽을 바라보며 단종의 명복을 빌었다 하여 '동망봉'이라 부르게 되었다.

물길은 몸을 가로막았으나 마음길은 열려 있었다
단종을 향한 생육신 관란 원호의 충절이 한이 되어

제천 관란정

생육신 관란 원호

관란정은 생육신
관란 원호가 평창강
언덕 위에 단을 쌓고
청령포를 향하여 조석으로 문안을 드리던 곳으로 후손들이 원호의 충의를
기리고자 지었다. 특히 원호는 자신이 쓴 편지와 지은 곡식을 표주박에 담
아 청령포로 흐르는 주천강에 띄워 보내 단종을 모셨다는 이야기가 전해
진다. 단종이 죽자 삼년상을 치른 뒤 고향 원주집에서 은둔 생활을 했다고

하겠다. 특히 단종이 잠든 장릉을 향해 앉을 때도 동쪽, 잠잘 때도 동쪽으로 머리를 두었고, 후손들에게는 '글을 읽어 세상의 명예와 이익을 바라지 말라'라는 말을 남겼다고 전해진다. 오늘을 사는 우리가 새겨볼 가치가 있는 대목이다.

목적이 정당하면 수단이 옳지 않아도 되는가!

자규시

한 마리 원한 맺힌 새가 궁중에서 나와
외로운 그림자로 푸른 숲에 깃들었다
밤마다 억지로 잠들려 하나 잠 이루지 못하고
해마다 한이 끝나기를 기다렸지만 원한은 끝나지 않네
자규 울음 끊어진 새벽 멧부리에 조각달만 밝은데
피를 뿌린 것 같은 골짜기에는 붉은 꽃이 지네
하늘은 귀머거린가 아직도 나의 애끓는 호소를 듣지 못하고
어이하여 수심 많은 이 사람 귀만 밝게 했는가.
《단종》

스트레스 없는 평안한 삶

스트레스는 예측과 통제에 따라서 변하는 심신의 긴장 상태라고 하겠습니다. 우리는 삶을 정확하게 예측하기 위해서 어떻게든 통제하려는 성향이 있지요. 그게 뜻대로 안 되면 삶이 힘들고 괴롭다고 느끼겠습니다.

그러나 나이가 들어서 알게 된 것은, 세상일이 나의 뜻대로 할 수 있는 것은 그렇게 많지 않다는 사실이지요. 여기서부터 집착할 것인지, 수용할 것인지를 결정해야 하겠습니다.

청춘 시절에는 예측과 통제의 영역을 넓히는 데 열정을 쏟는 것이 당연한 일이었다면, 나이를 좀 먹었다면 수용력을 높이는 것이 지혜이지요.

중요한 것은, 삶에서 예측하거나 통제할 수 있는 일이란 별로 없다는 것이고 그런 집착에서 벗어나는 것이 해방이라고 하겠습니다.

결국, 예측하고 통제하려는 사람이 필요하지도, 있지도 않다는 것을 알게 되면 스트레스 없는 평안한 삶을 누릴 수 있지요.

흐르는 강물처럼 유유히.

봄이 전하는 말

파노라마처럼 온갖 꽃이 흐드러지게 피어나는 찬란한 계절 봄이 되겠습니다. 차디찬 겨울을 건너와서 반갑기는 하지만, 뜨거운 계절이 오기 전에 져야 함을 생각하면 서운한 마음도 함께 하지요.

영원하기는커녕 오래 가기도 어렵다는 것을 알기에 이 순간을 마음껏 누리는 것이 더욱 소중해지겠습니다.

꽃은 세 번 핀다고 하지요.
나뭇가지에서 한 번, 땅에서 다시 한 번, 거름으로 이듬해 또 한 번.

떨어진 꽃잎마저도 무정한 법이 없어서 새로운 봄이 오면 흙이 되어 새로운 생명의 꽃을 돌보면서 자연의 바퀴는 굴러가겠습니다.

그래서 진리는 무정하지 않다는 것이고,
세상에 무정한 것은 영원할 것처럼 사는 나의 어리석은 모습이지요.

제 5 장

자연에서 치유되는 마음

선을 타고넘는 아름다운 제주의 속살

제주 오름

  '오름'은 제주도에 분포하고 있는 368개의 단성화산으로 제주도에서 통용되는 산봉우리의 순우리말이다. 한라산 백록담을 제외한 봉우리나 산들은 모두 오름이라고 보면 되겠다. 야산처럼 나무들이 있는 오름이나 목초지로 된 오름의 정상에서 보면 그 모양새가 제각기 달라서 곳곳마다 파노라마의 멋진 풍광을 만날 수 있다. 제주도 탄생 설화에는 제주도를 창조한 여신인 '설문대할망'이 제주도 한가운데에 한라산을 높이 쌓으려고 치마로 육지의 흙을 퍼담다가 치마폭 사이에서 떨어진 흙덩이가 오름이 되었다고 전해진다.

성산일출봉

---

  * 설문대할망 : 설화에 제주도를 창조했다는 여신이다. 제주도에는 설문대할망이 만들었다는 산·바다·섬·바위 등의 자연물이 많아서 제주도 전체가 설문대할망의 작품이라고도 하겠다.

· 설레는 유적여행 ·

6700년 동안 쌓이고 무너지고

유네스코 세계문화유산 성산일출봉

제주도의 다른 오름들과는 달리 마
그마가 물속에서 분출하면서 만들어
진 수성화산체다. 화산 활동 때 분출
된 뜨거운 마그마가 차가운 바닷물과
만나면서 화산재가 습기를 많이 머금
어 끈끈한 성질을 띠게 되었고, 이것이
층을 이루면서 쌓인 것이 성산일출봉

(오름)이다. 화산체의 외부는 바람과 파도에 풍화 침식되면서 경사가 가파른
모습을 띠게 되었다.

성산일출봉 정상

성산일출봉에서 바라본 서귀포 성산읍과 멀리 보이는 한라산

붉은오름

붉은오름은 섭지코지 해안선에 있는 오름이다. 섭지코지는 방향이 다른 두 해류에 의해 퇴적물이 쌓인, 육지에 연결된 섬으로 성산일출봉과는 형성 과정이 다르다. 화산체의 중심 선돌은 바닷속에 우뚝 서 있고, 산 정상부가 붉은색을 띠고 있어 '붉은오름'이라고 한다.

설레는 유적여행

따라비오름

　서귀포시 표선면에 있는 아름다운 풍광을 자랑하는 오름이다. 오름에서 만나는 선물 같은 풍광은 억새 군락이고, 11월쯤 올라오기 시작해서 3개의 분화구를 가진 독특한 따라비오름을 황금빛 물결로 만든다. '따라비'는 '높다'라는 뜻의 고구려어 '다라비'에서 왔다는 설이 있다. 주변 오름의 부모 역할을 하듯 자태가 여유롭고 여인이 황금빛 치마를 두른 듯하다.

따라비오름과 한라산

3개의 분화구

백약이오름

서귀포시 표선면에 위치한 오름으로, 예로부터 약초가 많이 자생한다고 하여 '백약이오름'이라 했다. 분화구가 둥글넓적한 형태를 띠고, 층층이꽃·쑥·방아풀·꿀풀 등의 약초가 자생하고 있다. 정상에서는 트랙 모양의 산꼭대기를 따라 주변의 다양한 오름들을 조망할 수 있겠는데 동거미오름·문석이오름·아부오름·민오름·영주산 등이 펼쳐져 장관을 이룬다.

분화구

설레는 유적여행

다랑쉬오름

제주 오름을 대표하는 '다랑쉬오름'은 제주 구좌읍에 자리한 웅장한 산세와 온전히 보전된 분화구가 수려한 오름이다. 먼 곳에서도 볼 수 있는 우람한 모습은 제주 동부의 수많은 오름 가운데서 오름의 여왕에 걸맞게 단연, 으뜸이라고 하겠다.

아끈다랑쉬오름에서 바라본 다랑쉬오름

정상부

아끈다랑쉬오름

다랑쉬오름과 아끈다랑쉬오름은 모양새나 형태가 마치 형과 아우를 연상케 한다. 높낮이만 다를 뿐 오름 중앙 원형 굼부리가 있는 것과 그 둘레로 탐방길이 난 것까지 닮았기 때문이다. '아끈'은 제주 방언으로 '새끼'란 뜻인데 아끈다랑쉬오름은 다랑쉬오름의 동생이나 자식 정도 되는 셈이다.

다랑쉬오름에서 내려다본 아끈다랑쉬오름

아끈다랑쉬오름 정상에서 바라본 용눈이오름

설레는 유적여행

용눈이오름

구좌읍에 있는 용눈이오름은 오름 중, 따라비오름과 함께 분화구가 3개인 것이 특징이다. 봄·여름에는 잔디로 가을·겨울에는 억새가 장관을 이루며 계절마다 수려한 자태를 만들어 낸다. 한복 옷소매처럼 부드러운 능선이 아름다워 사진 애호가들의 사랑을 받는 곳이기도 하다. 한가운데가 움푹 패어 있는 분화구의 모습이 위에서 내려다보면 용의 눈처럼 보이기도 하겠다.

용눈이오름에서 바라본 다랑쉬오름

분화구

영주산

영주산은 화산체이지만 오름이 아니라 산으로 불리는데 제주 사람들이 습관처럼 산이라 불러서 굳어진 것이겠다. 신선이 많아서 신선산 가운데 하나라고 기록돼 있고, 영주산에 '신성한 산'이라는 의미가 있다. 날씨가 따뜻해 초봄에도 초록과 하늘이 아름다워 제주 알프스라고 부른다.

영주산에서 바라본 한라산과 수많은 오름들

설레는 유적여행

그림 같은 명품 둘레길
송악산

송악산은 둘레길을 돌아보거나 정상에 올라 보면 감탄사가 절로 나오는 명소라고 하겠다. 최남단의 가파도와 마라도, 우람하게 솟은 산방산, 멀리 한라산, 광활한 남태평양까지 최고의 풍광을 한 번에 만끽할 수 있기 때문이다. 또 그 모양이 다른 화산들과는 달리 여러 개의 봉우리가 모여 이루어져 있고, 주봉에 있는 분화구 속에는 아직도 검붉은 화산재가 남아있다. 해안 절벽에는 일제가 뚫어 놓은 동굴이 여러 개 있어 아픈 역사도 품고 있다.

분화구

송악산 정상 분화구

설레는 유적여행

다크 투어리즘 제주 모슬포 알뜨르 비행장과 격납고

　다크 투어리즘(Dark tourism)은 역사적인 아픔이 있는 현장을 찾아가 그 당시에 어떤 일이 있었는지 보고·듣고·교훈을 얻는 여행이다. 제주 알뜨르 비행장이 그런 곳 중 하나다. 제2차 세계대전 태평양전쟁 당시 일본군 전투기를 은폐·보관·정비·점검하기 위한 시설물로서 1937년부터 일본군이 제주도민들을 강제 동원하여 건설한 아픔의 역사가 서려 있는 곳이다.

남제주 일본군 비행기 격납고

격납고 안에는 실물 크기의 비행기 조형물이 전시되어 있다. 이 조형물의 이름은 '알뜨르의 제로센 매국기애국기'로 일제의 태평양전쟁 기간 중 널리 알려진 일제의 전투기인 제로센을 실물 크기로 형상화한 박경훈의 작품이다.

마을 아래에 있는 너른 들판
알뜨르 비행장

'알뜨르'는 마을 아래에 있는 너른 들판이라는 뜻으로 서귀포시 대정읍 상모리 알뜨르에 조성되어 붙은 이름이다. 일본 해군이 1931년 당시 건설하여 중일전쟁 초기 폭격기지로 사용하면서 1945년 일본 본토 결전 작전 준비 비행장으로 이용되었다. 일본의 입장에서는 본토를 사수하기 위해 조성한 방어선이었고, 연합군 입장에선 일본 본토 공격을 위한 전략적 요충지였다. 제주도민 20만 명을 총알받이로 이용할 계획이었던 어둠을 간직한 역사 현장이다. 제주도를 일본군의 출격기지로 이용하려 했음을 보여주는 것으로 이처럼 다량의 군사 시설물이 남아있는 예는 드물며, 활주로 흔적도 남아있다.

전투기 격납고

·•· 설레는 유적여행 ·•·

지하벙커

관제탑

활주로

알뜨르 비행장은 일제강점기에 일본이 서귀포 대정읍 상모리의 너른 벌판에 제주도민을 동원하여 건설한 군용 비행장이다. 1937년 중일전쟁이 발발하자 일본은 이 비행장을 전초 기지로 삼았다. 중국 난징을 폭격하기 위해 많은 전투기를 '알뜨르 비행장'에서 출격시켰지만, 일본이 상하이를 점령하자 항공대는 중국으로 옮겨졌고 '알뜨르 비행장'은 연습 비행장으로 남게 되었다.

섬 전체가 천연기념물인 잊혀져 가는 한반도 남쪽 끝

마라도

마라도는 우리나라 최남단에 있는 섬이다. 서귀포 모슬포항으로부터 남쪽으로 11km 떨어진 마라도는 동중국해에 위치한 타원형의 섬으로 2024년 현재 59가구 127명 정도가 거주하고, 주변 일대는 천연기념물로 지정되어 보호하고 있다. 본래는 울창한 원시림이 덮여 있는 무인도였으나, 고종 때 모슬포에 거주하던 농어민 5세대 정도가 개간 허가를 얻어 화전을 시작하면서 전부 불에 타서 사라졌다고 하겠다.

설레는 유적여행

최남단 마라도 교회

최남단 마라도 성당

가파초등학교 마라도 분교

•• 설레는 유적여행 ••

상처의 치유

누구든 살면서 크고 작은 상처를 받지만, 그것을 극복하고 원래의 평온함으로 되돌아 갈려는 힘은 있겠습니다. 이것이 외상 후 스트레스로 갈 수도 있고, 좀 더 성장할 수 있는 길로 갈 수도 있는 지점이기 때문에 참 중요하지요.

"그 갈림길은 어딘가?"

밖으로는 관계가 좋아지는 보호망이 될 수도 있겠습니다. 좋은 사람들과의 교류를 통해 상처를 이겨내고 긍정적인 삶의 힘을 만들 수 있지요. 또 안으로는 수용하는 것이 되겠습니다. 맞다고 인정하거나 졌다고 포기하는 것이 아닌, 현실을 있는 그대로 받아들이는 것이지요.

무엇보다 중요한 문제는 인간관계가 되겠습니다. 누구든 인간관계가 중요하다는 것을 알고 있지만, 그것도 나름의 기술이 필요하고, 평소에 관리를 잘해야 하지요. 마음은 힘든 삶을 수용하는 편이 좋다는 것을 알지만, 그게 되었다면 애초에 시련도 없었겠습니다.

내적으로 수용하든, 좋은 관계를 맺든, 결국은 스스로가 무슨 방법을 내는 수밖에는 없지요. 그나마 다행스러운 것은 절박하면 영감이 생길 것이고, 필요하다면 어떻게든 길을 내고야 마는 우리에겐 학습된 경험이 있겠습니다.

수용만 잘할 수 있다면 살면서 겪는 모든 일은 내공으로 바뀔 수도 있지요.

좋은 관계

살면서 제일 어려운 일 중 하나가 인간관계라고 하겠습니다. 사이가 멀든 가깝든, 그 조화로움을 알기가 무척 어려운 일이지요.

사람들과 사이좋다는 말은, 그들과의 거리 두기가 적절하게 유지되고 있음을 의미하는 것이고, 좋은 관계의 핵심이라고 하겠습니다.

특히 가족·연인·친구 같은 가까운 범위에 들어와 있는 사람들에게는 오히려 생각보다 좀 멀리 거리 두기를 하는 것이 중요하지요.
그래야 중독에 빠지는 관계를 막을 수 있겠습니다.

반면, 그렇게 가깝지 않은 사람들은 마음으로 좀 더 가까이할 필요가 있지요. 산전수전을 겪으며 살다가 순서 없이 가야 하는 삶이라는 점에서 타인은 또 다른 '나'라고 할 수도 있겠습니다.

인간관계는 마음의 거리를 어떻게 설정하고, 그것을 어떻게 적절히 조절하고 유지하느냐가 가장 중요한 출발점이지요.

설레는 유적여행

정선아리랑

아우라지

　무형문화재 정선아리랑의 발생지 중 한 곳이다. 산수가 수려하고 평창에서 흘러온 송천과 삼척에서 흘러온 골지천이 만나 어우러진다고 하여 '아우라지'라 불린다. 송천을 양수, 골지천을 음수라 하여 장마 때 양수가 많으면 홍수가 나고, 음수가 많으면 장마가 끊긴다는 말이 있다. 예부터 땅이 기름지고 물이 맑아서 풍요로움과 풍류를 즐기던 문화의 고장이고, 물길을 따라 한양으로 목재를 운반하던 뗏목 장소로, 지방에서 모여든 뱃사공의 아리랑 소리가 끊이지 않던 곳이다. 특히 뗏목과 행상을 위해 객지로 떠난 님을 기다리는 남녀의 애절한 마음을 노래한 것이 정선아리랑에 담겨 있고, 단일 곡으로 5천 여수의 방대한 가사로 이루어진 유일무이한 전통민요이다.

아우라지 주막

아우라지역 기찻길

아우라지 뱃사공아 배 좀 건너 주게
싸리골 올 동박이 다 떨어진다
떨어진 동박은 낙엽에나 쌓이지
잠시잠깐 님 그리워 나는 못 살겠네.

아우라지 소녀상

설레는 유적여행

물의 미덕

나이가 들수록 다투지 않고 유유히 타고넘어 흘러가는
물의 미덕을 생각해 보겠습니다. 물론 좋은 말이지만,
직면하면 그것을 적용해서 걱정을 해소하고
행복감을 높이는 일이 쉽지는 않지요.

물은 붙잡지 않고 흘러가는 속성이 있겠습니다.
우리의 삶도 이같이 흘려보내고
흘러갈 줄 알아야 한다는 것인데,
역경에 처했을 때는 더욱 그렇지요.

물론 이마저도 어려운 일임을 잘 알고는 있겠습니다.
끝내 자신이 꼭 지키고 싶은 것조차 흘려보내야 한다는 결정을
편히 내려놓는 사람은 흔치는 않겠지요.

그래도 좋은 일은 만끽하고,
괴로운 일을 침착하게 타고 넘는 것은
행복을 위해 중요한 일이 되겠습니다.

특히 스스로 그려내는 두려움에 잡아먹히지 않아야 하고,
붙잡지 않고 뒤끝을 남기지 말아야 하지요.

이것이 삶의 여행자가 가야 할 길이고,
또 힘든 삶을 잘 타고 넘을 수 있는 지혜라고 하겠습니다.

나답게

　가면을 벗고, 화장을 지우고, 때를 씻으면 기분도 좋고 얼굴도 숨을 쉬면서 살아나겠습니다. 그래서 민낯은 부끄러운 것이 아니라 오히려 건강한 민낯이 아름다운 얼굴의 기반이 되지요.

　삶의 모든 변화도 민낯 위에 잠시 머문 것들의 교체라고 할 수 있겠습니다. 물론 변화의 방향은 중요하지요.
　그 방향은 변화를 거듭할수록 점점 '나'답게 되어야 하겠습니다.

　그러므로 모든 변화에 대하여 크게 염려할 필요는 없겠는데,
　그것을 놓은 손에 반드시 다른 것이 잡힐 것이기 때문이지요.

　현대는 격렬하고 빠른 변화의 세상이 되었고, 인간적인 수준을
　넘어선 지 오래되었지만, 우리 역시 그 이상으로 강력하겠습니다.

　변화가 길을 가로막더라도 역풍에 돛을 달고 '나'를 향해 나아가고 있으니 걱정할 필요도 없고, 또 그런 '나'를 힘차게 응원하지요.

600년 가문의 영광·서애 류성룡 선생을 배출한 최고의 명당
안동 하회마을

안동시 하회리에 있는 민속마을로 '하회마을'로 불린다. 이름대로 강물이 마을을 감싸며 흐르는 마을이다. 본래 풍산 류씨 집성촌으로, 서애 류성룡 선생의 출신지로서 유명하며 지금도 풍산 류씨 주민이 많겠다.

양진당 고택

풍산 류씨의 종가로, 입암고택으로도 불린다. 고려 건축양식을 지닌 사랑채와 조선 건축양식을 지니는 안채가 공존한다는 점이 특별하다. 객실은 단아하고, 전통 자개장이나 장식장에 쌓인 식기류, 다양한 도자기들이 작은 민속박물관이라고 하겠다.

양오당 고택

서애 류성룡 선생의 손자 류만하와 그의 아들 류후장이 지었다. 문간채·사랑채·안채 등으로 구성되어 있고, 문과 담장이 어우러져 'ㅁ'자형 배치를 이루면서 담장을 적절히 이용하고 있는 것이 특징이다. 다른 집과 달리 여러 면에서 독특한 특성이 있어 조선시대 양반집 건축의 좋은 자료가 되고 있다.

염행당 고택

서애 류성룡 선생의 9대손인 조선 후기 문신 류치목이 지은 집이다. 류치목은 문과에 급제하여 형조참의, 김해부사 등을 역임했다. 집이 처음엔 단

설레는 유적여행

출하였으나, 손자인 류기영이 크게 확장하여 사대부가의 면모를 갖추었다.

별당채의 아랫벽에는 기와 편으로 기쁨과 장수를 바라는 글자를 넣었고 별채와 사당의 흙 돌담에도 기와 편으로 무늬를 장식하였다.

퇴계 이황 선생의 제자인 류운룡이 서재로 사용하던 곳이다. 선조 때 지었고 하회마을 북촌의 경암정과 부용대를 볼 수 있는 곳에 자리 잡고 있다. 부용대 절벽 아래 깊은 곳을 '빈연'이라 하여 '빈연정사'라 이름하였다.

빈연정사

부용대

부용대는 '연꽃을 바라보는 전망대'라는 뜻으로 연꽃 같은 모습의 안동 하회마을을 가장 잘 바라볼 수 있는 장소이다. 마을 전체를 한 바퀴 휘감아 돌아나가는 낙동강과 하회마을 주위를 병풍처럼 두르고 있는 태백산맥의 모습을 한 번에 감상할 수 있겠다.

있는 그대로 보라

사실이 밝혀지기도 전에 자기 생각대로 예단해 버리고,

충분히 이해되기도 전에 침을 튀기며 주장하는 것이 짜증을 넘어 두려운 일이 되었습니다.

누구든 난감하고 혼란스러운 상황을 꿰뚫어 보는 통찰을 원하지만, 애매모호한 상황을 참고 견디는 안정된 마음이 되었을 때 가능한 일이지요. 그것은 세상의 어떤 어려움이나 고통에도 평화로운 감정을 유지하는 마음, 평정심이 되겠습니다.

평정심은 세상을 내가 보고 싶은 대로 보이는 것이 아니라,

그냥 있는 그대로 보이는 것이 가능해질 때 이루어질 수 있지요.

무엇이 있는 그대로 보는 것인지를 알기가 쉽지 않지만,

세상을 내가 보고 싶은 쪽으로만 보고 있다는 사실만 알아차려도 평정심을 찾는 출발점이 될 수 있겠습니다.

내가 보고 싶은 대로가 아닌, 있는 그대로의 참모습이 보이게 되면 모든 것이 달라 보이는 새롭고 긍정적인 삶이 가능해질 수 있지요.

설레는 유적여행

자연스럽고 자유스럽게

수갑이 아무리 고급이라도 수갑일 뿐이며, 감옥이 아무리 쾌적해도 감옥일 뿐인 것들이 마음속 영토에 널려 있겠습니다.

넓은 집, 멋진 자동차, 품격 있는 직장, 명품 옷, 더 높은 명예 등 고급스러움과 쾌적함이 주는 만족이 있어서 우리는 그것을 갈망하며 노력하지요.

그러나 온전한 자유가 없기에 불만이 점점 커져 임계 수위를 넘게 되면, 그때 비로소 변화를 위한 자발적 행동이 나오겠습니다.

힘들고 괴로워서 답을 찾아 헤매지만, 근본 문제인 삶의 자유를 이해하지 못했기 때문에 해결이 안 되는 것이지요.

태풍 속으로 한 걸음 두 걸음 들어가다 보면 어느새 태풍의 눈, 고요하고 구름 한 점 없는 무풍지대에 서 있게 되듯이, 삶의 진정한 가치에 대한 새로운 눈이 뜨이고 안목이 열리면 누구의 도움 없이도 자신의 길을 갈 수 있겠습니다.

뭉친 어깨가 풀리고 발걸음이 경쾌해지는 건 덤이고,
일상이 자연스럽고 자유스럽게 되지요.

회재 이언적 선생의 유교적 질서와 양반 집들의 정수

경주 양동마을

경주 양동리의 양반 집성촌으로 가장 역사가 오래되고 규모가 크며, 원형이 잘 보존된 월성 손씨와 여강 이씨의 동족마을이다. 성리학 영남학파 회재 이언적 선생과 청백리 우재 손중돈 선생을 배출한 오랜 역사를 담은 마을로 과거 급제자가 116명에 달했고, 수많은 학자와 충신, 독립운동가를 배출하면서 그 명성을 이어가고 있다. 역사·규모·보존상태·건축·조경양식·때 묻지 않은 향토성 등에서 최고의 가치를 지닌 마을로 평가되고 있겠다.

설레는 유적여행

송첨종택

경주손씨 종가로 마을의 시조 손소 선생이 성종 때 지은 집이다. 그의 아들 손중돈과 외손인 이언적 선생이 태어난 곳이기도 하다. 서백당은 하루에 '참을 인' 자를 백 번 써서 인내심을 기르라는 가르침을 담았고, 송첨은 소나무 처마란 뜻으로 앞마당에 있는 향나무의 생긴 모습을 상징한다는 설이 있겠다. 이 집은 작은 사랑채를 모서리 한쪽으로 두어 방과 방이 마주하지 않도록 한 점과 마루를 통로 형식으로 꾸민 점이 특징이다. 규모와 격식, 정원건축기법과 배치들이 독특하여 조선 전기 살림집 연구에 가치가 있겠다.

서백당

관가정

    손중돈 선생이 지은 정자 겸 살림집으로 '관가'라는 농사짓는 풍경을 보는 정자라는 뜻이고, 곡식을 심고 자라는 기쁨을 보는 것처럼 자손과 후진을 양성하겠다는 뜻을 담고 있다. 현존하는 살림집 중 임진왜란 이전에 지은 집이 10채 안팎인데 양동마을에만 서백당·무첨당·관가정·향단 4채나 있다.

설레는 유적여행

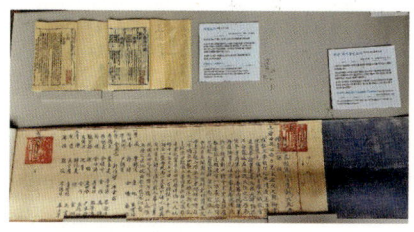

세조가 내린 공서(손소)

중종이 내린 이조판서 교지(손중돈)

조상을 욕보이지 말라!

무첨당

　회재 이언적 선생의 종가에 있는 사랑채의 연장 건물로 손님 접대, 쉼터, 책 읽기를 즐기는 등 여러 용도로 사용되던 곳이다. 소박하면서도 세련된 솜씨를 보여주고 있으며 별당 기능에 충실하게 지은 건축물로 이언적 선생의 유물을 보관하고 있다. 무첨당이란 이언적 선생의 손자 이의윤의 호로 조상을 욕보이지 않겠다는 후손의 결의를 담고 있겠다.

아름다운 경관과 충효정신

낙선당

　손중로 선생의 종택으로 '낙선당'은 원래 사랑채의 이름이라고 하겠다. 구조는 대문채·안채·행랑채로 되어 있는데, 'ㅡ'자 모양의 사랑채가 안채 옆면에 이어져 있다. 구조와 구성이 비교적 기능과 실용성을 강조하고 있고, 간소한 구조를 잘 갖추고 있다는 점이 특징이다.

마음을 깨끗이 비우고 세상의 탐욕에서 멀리하라!

심수정

농재 이언괄 선생의 학덕을 기리고 추모하기 위하여 조선 명종 때 지은 정자이다. 이언괄 선생은 형인 회재 이언적 선생을 대신하여 벼슬길을 마다하고, 나이 드신 어머니를 극진히 모셨다. 벼슬을 할 수 있음에도 불구하고, 노모를 모신 농재 선생의 효심이 담긴 곳이다. 예나 지금이나 세속에서 탐하는 부와 명예를 마다하고, 흐르는 물에 몸을 씻듯 내려놓는 삶을 살았다고 하겠다. 선생의 그런 마음을 담은, 탐욕을 내려놓은 심수정이다.

모르는 것이 약이다

현대인들은 정보 갈증의 삶을 살고 있겠습니다. 그래서 늘 접속 상태로 있어야 하고, 그것이 신호인지 잡음인지를 구별해 낼 수 있어야 하지요. 갈수록 정보를 만들어 내는 주기도 짧고 격렬하겠습니다. 쉴 틈 없이 뇌를 과열시키니 몸도 따라서 소진되지요.

"몸과 마음 모두가 번아웃 가능성이 높아지지 않겠나?"
스트레스를 넘어 불안과 우울의 비율도 높아질 수밖에 없으니 시급히 냉각 장치가 필요하겠습니다. 내 생각을 환기시켜서 외부와 소통하게 하고, 사물을 제대로 살펴서 착각으로부터 벗어나야 하지요.
새끼줄을 뱀으로 오인하지 않고, 자라 보고 놀란 가슴 솥뚜껑 보고 놀라지 않을 수 있겠습니다.

"어떻게 하면 좋을까?"
숙면이 좋은 대안이 될 수 있겠습니다. 그러나 옛날에는 밤의 깊어서 잠으로 재충전이 가능했지만, 지금은 온갖 조명이 밤을 몰아내 버렸고 숙면도 어렵게 되었다는 것이 큰 문제이지요.
눈뜬 시간은 정보수집에 대부분 사용함으로써 정보 긴장은 더 높아만 가고, 강박·불안·불면·우울 등이 연결되어 있다고 하겠습니다.
스마트폰을 손에서 놓기가 쉽지는 않지만, 아는 것이 병이고 모르는 것이 약이라는 옛말을 다시 새겨볼 가치는 있지요.

현대 건축술로도 재현 불가능한 천년의 지혜·호국의 염원

해인사 팔만대장경판전

경남 합천 가야산에 자리 잡은 우리나라 3대 사찰 중 하나인 해인사는 통일신라 애장왕 때 지은 사찰로, 왕후의 병을 불력으로 치료해 준 것에 대한 감사의 뜻으로 지었다고 전해진다. 해인사는 팔만대장경판을 보관하고 있어서 법보사찰이라고도 부른다. 장경판전은 15세기 건축물로서 세계 유일의 대장경판 보관용 건물이며, 1995년 유네스코 세계문화유산으로 등재되었다.

'대장경판전'은 자연을 이용한 고려의 놀라운 과학 건축의 결정판이다. 고려대장경은 5천만 자·무게 2.5톤·제작 기간 16년, 불심·불력으로 몽골을 물리치고 국난을 극복하려는 고려의 소망을 목판에 새겨 넣었다.

장경판전

　해인사 장경판전은 건물 자체가 특수할 뿐 아니라 고려대장경의 판전으로서 유명하다. 똑같은 규모 양식을 가진 두 건물이 남북으로 나란히 세워져 있어 남쪽을 수다라전, 북쪽을 법보전이라 한다. 여러 모양의 자연석 주춧돌 위에 배흘림의 큰 기둥을 세웠고, 기둥 위에는 기둥머리에 해당되는 주두를 올려놓았다. 대장경판을 보관하는 건물의 기능을 충분히 발휘할 수 있도록 장식 요소는 두지 않고 단순화했다. 원활한 통풍을 위해 창의 크기를 남쪽과 북쪽을 다르게 하고, 칸마다 창을 내었다. 또한, 내부는 흙바닥으로 하고 숯·횟가루·소금을 모래와 함께 섞어 넣음으로써 자연스럽게 습도를 조절하도록 했다. 자연의 조건을 이용하여 설계한 합리적이고 과학적인 점 등으로 인해 대장경판을 지금까지 잘 보존할 수 있었다고 평가받고 있겠다.

꿈과 성공

꿈은 잠들어서 경험하는 현실이고,
현실은 깨어서 꾸는 꿈이라는 생각이 듭니다.

둘의 공통점은 생생하다는 것이지요.

꿈이라고 무시하면 생생함의 반격을 받게 되고,
생생한 현실이라고만 생각하면 꿈이라는 본래 모습이 주는
평온함을 누리지 못하겠습니다.

연극에서 배역을 맡았을 뿐이라는 이해에도 불구하고
연기에 투혼을 불사르는 열정은 서로 모순되지 않지요.

오히려 그래야 성공할 수 있고, 배우로도 성공하겠습니다.
꿈이든 생시든 순간순간을 살 뿐이지요.

제
6
장

인연과 깨달음이 공존하는 수행자가
머무는 곳

사찰·암자

어려운 시대이고
앞으로는 더 어려워질 것 같은 세상 속에서
결국, 나를 돌보지 않을 수 없다.
표면의 거칢에 맞서려면
우리는 더 깊은 곳에 닻을 내려야만 한다.
어찌 삶의 공부를 게을리하겠나?
《김용규》

순천 조계산 송광사

해인사는 법보(팔만대장경)사찰·통도사는 불보(진신사리)사찰·송광사는 승보(수계)사찰로, 이 세 절을 통틀어 한국 삼보사찰로 부른다. 정확하지는 않으나 일찍부터 산에 소나무가 많아 '솔메'라 불러 송광산이라 했고, 산이름을 담아 송광사라 했다. 신라 말 혜린대사가 암자를 지어 길상사라 하였고, 고려 때 보조국사가 정혜사를 이곳으로 옮겨와 참선 도량으로 삼은 뒤부터 승보사찰이 되었다고 한다. 승보사찰이라는 이름에 걸맞게 지눌·혜심을 비롯한 16명의 국사를 배출했고, 외국 승려가 수도하는 국제선원도 있겠다.

대웅보전

승보전

부처님과 10대 제자와 16나한을 비롯한 1,250명의 스님을 모신 전각이다.

* 법보 : 불교의 진리를 적은 불경을 보배에 비유하여 이르는 말
* 불보 : 석가모니불과 모든 부처를 높여 이르는 말
* 승보(수계) : 부처의 가르침을 받들어 실천하는 사람들을 이르는 말

관음전

관음전은 보살을 모신 전각으로 자비의 화신인 관음보살이 중생의 고뇌를 씻어준다는 뜻에서 원통전이라고도 한다. 송광사 관음전은 고종황제의 51세 생일을 맞아 사액된 황실 기도처이기도 했다.

삼청교 · 우화각

삼청교 · 우화각은 누각과 다리가 융합된 형식의 건축물로 흐르는 물과 계곡을 건너는 다리가 어우러져 아름다운 풍경을 연출한다. '하늘 · 땅 · 물

· · 설레는 유적여행 · ·

세 가지가 맑다.'라는 의미를 담고 있겠다.

육감정

육감정은 사찰 건축양식에서는 흔하지 않은 아름다운 전각이다. 송광사는 전각의 수가 많지만, 풍경·석탑·석등 3가지가 없는 것으로 유명하다. 풍경 소리는 스님들의 공부에 방해가 되고, 석탑·석등이 없는 이유는 송광사 터가 무거운 석탑을 세우면 가라앉는다고 하기 때문이다. 반면 3가지 명물도 있는데, '비사리구시'라고 불리는 나무 밥통, '능견난사'라는 그릇들, '쌍향수'라는 향나무, 3가지가 되겠다.

날개로 난다는 것이니 오르면 누구나 신선이 된다는 우화각 옆, '계곡을 내려다보는 누각'이라는 침계루는 송광사 8경 중 하나이다. 길이가 제각각인 기둥이 개울의 경사에 맞춰 기다란 누각을 자연스럽게 떠받치고 있다.

침계루

송광사의 겨울

　송광사는 목조문화재가 많은 사찰로 80여 동의 건물과 부도·비석 등이 있다. 16명의 국사 영정을 봉안하는 국사전·영산회상도·팔상도 등의 국보 4점을 비롯하여 하사당·약사전·영산전 등 보물 13점, 천연기념물인 쌍향수 등 국가문화재 17점과 정혜국사사리합 등 전국 사찰 가운데 가장 많은 문화재가 있는 절로도 유명하다.

설레는 유적여행

마음 배수구

책을 읽거나, 사람을 만나거나, 어떤 결정을 하거나,
그냥 심심하게 있을 때도 그 기분이 여느 때와 다를 수 있겠습니다.

현재의 느낌이 썩 좋지 않다면, 나를 위해 할 수 있는 일이 있지요.

"간밤에 잠은 푹 잤나. 식후에 속은 편하나. 특별한 스트레스는 없었
나?"

하나씩 점검하다 보면,
반드시 컨디션 도둑을 잡아낼 수 있겠습니다.

그다음은 잘 흘려보내는 것이지요.
상황은 변해가고 있는데,
어쩌면 내가 마음속에서 붙잡고 있는 것일 수도 있기 때문이지요.

조금만 지나고 나면
새로운 시간이 다시 돌아오겠습니다.

마음의 배수구를 활짝 열어 놓는 것이 중요하지요.

구례 지리산 화엄사

구례군에 있는 천년 고찰로 백제 성왕 때 연기조사가 창건한 사찰이다. 화엄경의 '화엄' 두 글자를 따서 이름하였고, 이후 신라 자장율사·도선국사가 각각 증축하였으며, 임진왜란 때 불탄 것을 인조 때 벽암선사가 다시 세웠다. 사찰에는 국보 각황전을 비롯하여 국보 4점·보물 5점·천연기념물 1점 등 많은 문화재와 20여 동의 전각들이 배치되어 있겠다.

대웅전

조선시대 건축의 우수한 예술성이 잘 나타나 있고, 대웅전 편액은 선조의 여덟째 아들 의창군이 쓴 것이라고 전해진다.

보제루

법요식 때 승려나 불교 신도들의 집회를 목적으로 사용되는 강당 전각이다.

각황전(국보)

각황전은 국내 최대 목조 건물로서 웅장함이 시선을 압도한다. 뜰앞의 석등도 국내 최대 규모로 신라시대 불교의 찬란한 조각 예술을 보여주는 국보이고, 내부에 있는 '영산회 괘불탱'도 국보로 지정되어 있다.

각황전 앞 석등(신라)

원통전 앞 사자탑(신라)

5층석탑

　대웅전 양편에 서 있는 '화엄사5층석탑'은 뛰어난 조형성과 섬세한 장식이 탁월한 신라시대 작품이다.

사사자3층석탑(국보)

　사사자3층석탑(국보)은 화엄사를 창건한 연기조사가 어머니의 명복을 빌며 세운 탑으로 특이한 의장과 세련된 조각 솜씨를 자랑하는 걸작이다. 특히 위층 기단에 네 마리의 사자를 기둥처럼 세워 놓은 구조로, 앞을 바라보며 입을 벌린 채 날카로운 이를 드러내고 있다. 중앙에는 사자들에 에워싸여 합장한 채 서 있는 스님 상이 있겠는데 이는 연기조사의 어머니라고 전해진다. 석등의 탑을 향해 꿇어앉아 있는 스님 상은 석등을 이고 어머니께 차를 공양하는 연기조사의 지극한 효성을 표현해 놓은 것이라 하겠다.

욕망의 삶

삶은 두 가지 길이 있겠습니다.
욕망을 추구해서 그것을 얻어 만족하는 길,
욕망을 억제해서 스트레스를 받는 길이 있지요.

욕망을 추구하면 그에 상응하는 대가를 치러야 하고,
억제하면 스트레스가 따르겠습니다.
여하튼 인생은 이래저래 괴로울 수밖에 없지요.

"쾌락의 길을 질주하느냐. 고행의 산을 오르느냐?"
양자택일만이 남겠습니다.

하지만 이런 상황을 당연히 받아들일 것이 아니라,
또 다른 선택지도 생각해 볼 수 있지요.
그것은 중도의 길이 되겠습니다.

모든 괴로움은 자신의 어리석음으로부터 생긴다는 사실을 알아차려서
그것을 벗어던지고, 벗어나는 길이지요.

정선 함백산 적멸보궁 정암사

정선군 함백산에 위치한 정암사는 삼국시대 자장율사가 창건한 고찰이다. 일주문으로 들어서면 육화정사·목우당·범종루가 나타나고 열목어 서식지인 물길 위로 놓인 극락교를 넘으면 적멸보궁이 있다. '적멸'이란 모든 번뇌의 불이 꺼진 곳, 본래의 마음자리인 고요의 상태로 돌아감을 의미한다. 부처의 세계에서 육신으로 인한 마지막 장애까지 털어 버리고 영원한 진리 그 자체로 돌아가면 그것이 적멸이다. 그 깨달음의 성인인 부처의 뼈에서 나온 사리를 모시는 보배로운 궁전을 적멸보궁이라고 하겠다.

일주문

설레는 유적여행

문수전 불교의 4대 보살 중 지혜를 상징하는 문수보살을 모신 전각이다.

육화정사 종무소와 선방이자 관음전이다.

절 옆으로 흐르는 극락교 아래의 작은 개울은 열목어의 서식지로 유명하다. 이곳은 한반도 내에서 열목어가 자연 서식하는 남방한계지역 중 한 곳으로 정암사 열목어 서식지는 천연기념물로 지정되어 있다.

정암사의 적멸보궁은 우리나라 5대 적멸보궁의 하나로 자장율사가 수마

노탑에 부처의 진신사리를 모신 후 참배하려고 세웠다. 그런 까닭에 법당 안에는 불상이 없다.

수마노탑은 고려시대의 모전석탑으로 국보로 지정된 불교 문화재다. 석가모니의 진신사리·가사·염주 등이 이 탑에 봉안되어 있어서 정암사에는 따로 불상을 모신 금당을 만들지 않았고, 수마노탑을 바라보는 방향으로 적멸보궁을 세웠다. 약 9m 높이로 규모가 크지는 않지만, 균형감이 뛰어나고 전탑 특유의 가지런함이 돋보인다. 수마노탑 아래 정암사 경내를 내려다보면 산중에 포근히 안긴 사찰 풍경이 마음의 평안을 주겠다.

수마노탑(국보)

만사형통

　갑자기 돌부리에 걸려 넘어지면 대부분 벌떡 일어나 괜찮다고 말하겠습니다. 아픈 사람도 대다수가 대충 괜찮다고 말하겠는데, 틀린 말은 아니고 또 대부분 아무 문제도 없지요.
　그래서 마치 문제가 없는 것처럼 말하지 않아도 되겠습니다.

　우리는 나만의 틀 안에서만 안전하다고 느끼며,
　내가 생각하고 있는 틀을 벗어나면
　삶이 무너질 것처럼 불안을 느끼기 때문이지요.

　하지만 나만의 틀이라는 것은 실제 있는 것이 아니고,
　내가 마음에 그어 놓은 선에 불과한 것이 되겠습니다.

　삶의 모든 일들은 축복이 되고, 살아온 나의 발자취가 길이 되지요. 돌부리 같은 삶에 걸려 넘어졌다고 해서 성급하게 위로하거나 격려할 필요도, 지나치게 분발과 다짐을 다그칠 이유도 없겠습니다.

　어떤 삶이든 그냥 받아들이고 충분히 느껴주고,
　그리고 흘려보내 주어야 할 소중한 시간일 뿐이지요.

　그것으로 만사형통하겠습니다.

설레는 유적여행

군위 석굴사 아미타여래삼존석굴(국보)

신라 소지왕 때 극달화상이 창건한 일명 제2석굴암이다. 절벽의 자연동굴 속에 중앙의 석가모니불·왼쪽 대세지보살·오른쪽 관세음보살이 온화한 미소로 띠고 있다. 동굴은 지상 20m 높이에 위치하며 연구에 의해 경주 석굴암보다 1세기 이상 먼저 조성된 것으로 그 모태임이 밝혀졌다. 또 세계적 문화유산으로서의 그 가치를 인정받았고, 신라가 불교를 공인하기 전에 승려들이 숨어서 수도하던 곳이었다.

마음 디톡스

세월이 갈수록 많은 사람이 중독되고, 세뇌되고, 족쇄에 채워진 삶을 살고 있는 것처럼 느끼며 살겠습니다. 원인이 무엇이든, 결과적으로 내면이 엉망이 되어버린 것이 큰 문제이지요.

이런 상황에서 몸과 마음이 내 뜻대로 될 리가 없겠습니다.

그러나 직면한 삶에 불편함을 느낀다면 아직 희망의 불씨는 살아 있는 것이지요. 그 불씨를 잘 살려내면 행동하지 않을 수 없게 될 것이고, 그러면 자신에게 좀 더 자유로운 삶을 가져다줄 수 있겠습니다.

중독을 치유하고, 세뇌에서 벗어나고, 족쇄를 풀어내는 것은 마음먹기에 달렸으니, 내 마음의 디톡스 처리가 우선이지요.

그러려면 내 생각에 불과한 것을 실제인 것처럼 오판하지 않는 것이 중요하겠습니다.

설레는 유직여행

진안 마이산 탑사

전북 진안의 마이산은 수마이봉과 암마이봉이 서로 등을 맞대고 있는 형상이라고 하겠는데 조선 태종 이방원이 산의 모양이 말의 귀를 닮았다고 해서 마이산으로 이름 지었다. 이 산의 백미는 산의 형세와 암마이봉 바로 아래의 탑사이다. 이곳의 탑들은 효령대군의 16대손 갑룡 이경의 씨가 1900년대 초에 쌓은 것이라 전해지며 원래는 108기를 만들었다고 전해진다. 삼국지 제갈량의 『팔진도법』에 따라 돌탑들을 배치했고, 돌로만 쌓았는데도 태풍이나 바람에도 넘어지지 않는다고 한다. 대웅전 뒤편의 천지탑을 비롯해 현재 80여 개의 탑이 남아있어 그 신비로움을 전해주고 있겠다.

부질없는 걱정

폭풍우가 몰아치는 밤보다는
다시 잠잠해진 아침의 무기력함을 조심해야 하고,
점심을 먹은 후 밀려오는 졸음을 경계해야 하겠습니다.

일상의 지친 몸을 쉬게 해야 하듯이,
우리 내면의 지친 마음도 휴식이 필요하지요.

"내일 일이 어떻게 될까?"
부질없는 괜한 걱정이
우리의 휴식을 깨는 근원이지요.
'내일 일은 난 몰라요'

그러나 불면 후에 맞은 다음 날 아침이
결코, 상쾌할 수 없다는 것은
경험으로 명확히 알고 있겠습니다.

모르는 것,
오지도 않은 다음 일을 걱정하지 말고,
내가 정확히 알고 있는 사실만이라도 잘 살펴서
확실히 통제하는 것이 평안함의 지혜가 되겠습니다.

밀양 재약산 표충사

신라 무열왕 때 삼국 통일을 기원하고자 원효스님이 창건한 죽림정사를 흥덕왕 때 인도 스님인 황면선사가 이곳에 재건하고, 3층석탑을 세워 석가 여래의 진신사리를 봉안하여 영정사라 했다. 당시 흥덕왕의 셋째 왕자가 나병에 걸려 명약을 찾던 중, 이곳 죽림사의 약수를 마시고 병을 치유했다고 한다. 이에 왕이 크게 기뻐하여 절을 크게 부흥시키고, 이후 고려 때 보우·해린·일연·천희 등 사대 국사에 의해 크게 번창했다. 고려 충렬왕이 동방제일 선찰이라 명명하기도 하였고, 일연이 삼국유사를 이곳에서 완성했다. 임진왜란 때 승병을 일으켜 나라에 큰 공을 세운 사명대사의 충혼을 기리기 위하여 표충사당을 짓고, 표충사라 하였다. 조선 숙종 때 중건한 사실이 있으나 대부분의 전각이 화재로 소실된 것을 재건하여 지금에 이르고 있겠다.

표충사 수충루

표충사당

임진왜란 때 승병을 일으켜 나라에 큰 공을 세운 사명대사의 충혼을 기리기 위하여 세운 표충사당이다. 사명대사 유정은 스승인 서산대사보다 압도적인 인지도를 얻어 조선과 일본 양국에서 인정받은 전무후무한 승려였고, 스승을 뛰어넘은 유일무이한 제자였다.

팔상전

부처님의 생애를 여덟 가지 모습으로 그린 탱화를 모시고 있는 곳이다. 중생을 제도하기 위해서 이 땅에 오신 뜻을 기리기 위해 지은 전각이다.

설레는 유적여행

3층석탑

　통일신라시대에 세워진 것으로 추정되는 높이 7.7m의 3층 석탑이다. 기단과 지붕돌에서 보이는 특징으로 보아 통일신라의 늦은 시기에 세워진 것으로 추정된다. 균형 있는 전체적 비례와 우아한 모습은 같은 시기의 석탑 중에서도 뛰어나고, 표충사의 역사를 밝히는 귀중한 자료가 되고 있겠다.

만일루

　조선 철종 때 월암선사가 세운 전각이다. H자형의 독특한 구조로 아미타불을 모시고 있다. 무량수각이라고도 불리는데 중생을 구제하고자 사부대중이 만일회를 결성하였던 곳이다. 이후에는 주로 참선하는 선방으로 사용하며, 조계종 초대 종정 효봉대종사가 만년을 보낸 곳이기도 하겠다.

괴로움 공부

　행복을 찾고 싶다거나 오래 살 수 있는 방법을 갈망하는 것은 인간의 당연한 욕망이지만, 다소 추상적이기도 하겠습니다. 그러나 정신없이 바쁘게 사는 우리에겐 가장 중요한 이야기는 될 수 없지요. 또 그런 것이 삶을 공부하는 데 시작점이 될 수 있지만, 지속적인 힘이 되지는 못하겠습니다.

　지속적인 공부의 힘은 바로 괴로움이지요.

　잘살든 못살든, 사회적으로 성공했든 못했든, 우리는 괴로움을 맞닥뜨리면서 살고 있겠습니다. 비슷한 괴로움을 반복해서 겪기도 하고, 느닷없이 날벼락을 맞기도 하지요. 나이가 들면 좋은 일에도 괴로움이 숨어 있다는 것을 알게 되고, 결국은 빈 껍데기 인생이었다고 느끼게 되겠습니다. "공허함이라고 해야 하나?"

　원래 삶은 희로애락이 어쩔 수 없이 함께하는 파란만장한 대하드라마 같은 것이기에, 억지로 해결하려는 것 자체를 내려놓아도, 또 다른 괴로움이 여지없이 들이밀지요. 그러다가 어떤 계기로 인생 공부에 관심이 생길 때가 있겠습니다. 거의 삶을 잃어버리거나 크게 좌절감을 맛보는 시기 같은, 한계상황에 직면했을 때이지요.

　괴로움이 세상 밖의 이야기가 아니라 내 안의 생각이 만들어 낸 것이고, 크게 왜곡되어 있다는 점을 알아차리는 것이 인생 공부의 출발점이 되겠습니다. 물론, 알아차림의 공부에 익숙한 사람이라면 좀 더 지혜롭게 대응할 수도 있지요. 공부가 잘되면, 자신이든 세상이든 좀 더 유익한 삶이 가능해지겠습니다.

봉화 청량산 청량사

신라 문무왕 때 원효대사가 건립한 사찰이다. 청량사는 풍수지리학상 길지 중의 길지라고 하겠는데 청량산의 육육봉, 12 봉우리가 연꽃잎처럼 절을 둘러싸고 있고 청량사는 연꽃의 수술 자리에 자리하고 있다. 보물인 공민왕의 친필로 쓴 현판 유리보전과 국내 유일의 지불이 남아있다. 유리보전은 약사여래불을 모신 곳이고 지불은 종이로 만든 불상이다. 뒤에는 청량산이 한눈에 들어오는 보살봉이 있는데 원래는 탁필봉이었지만 주세붕 선생이 지형을 보고 봉우리 이름을 다시 지었다고 전해진다.

청량정사

청량정사는 조선 중기 때 안동부사를 지낸, 이황의 숙부 송재 이우 선생이 건립하고 조카인 이해, 이황 등을 가르치던 곳으로, 이황 선생이 공부하던 곳에 사람들의 합의로 순조 때 중건하였다. 일명 '오산당'으로 부르기도 하는데, '오산'은 중국 주자의 시구절에서 따온 것으로 '우리 집 산'이라는 뜻이면서 '유가의 산'이란 뜻도 내포되어 있다. 이우 선생은 연산군 때 이조좌랑 등을 지냈으며, 승지로 있다가 중종반정 때 공을 세워 공신에 책록되고, 뒤에 안동부사가 되었다. 시문에도 이름이 높았고 문집에 『송재집』이 남아있다.

사색의 시간

삶의 의미

"약한 것이 강한 것을 이기고, 겸손이 오만을 이긴다."

잘 알고 있는 말이지만, 이것을 행동으로 옮기는 사람은 드물지요. 자신의 잘못된 신념을 위해 정작 필요한 일과는 거리를 두기 때문이겠습니다. 사람은 오만할수록 점점 더 약해지는 법이고, 겸손할수록 더 강해지지요.

"나는 왜 살고, 왜 세상에 왔는가?"

이런 물음에 대한 해답을 알 수는 없지만, 세상을 살아가게 하는 힘이 무엇을 원하는지는 알 수가 있겠습니다. 오만하고 허세가 심한 사람을 좋아하지 않는다는 것을 보면, 겸손한 삶의 중요성을 바로 알 수는 있지요.

톨스토이는 "겸손한 삶은, 사랑을 크게 만들 수 있다. 우리가 할 수 있는 최선의 일은 남을 더 많이 사랑하는 것이다. 자신의 허물은 남의 눈을 통해서만 볼 수 있다."라고 말했습니다.

삶의 중요한 문제들은 스스로 결정할 수밖에 없고, 누구도 자신의 삶을 이해할 수 없기 때문이지요. 생각과 힘의 원천인 영혼도 우리의 삶과 동행하겠습니다. 삶의 의미를 알려면, 눈에 보이지 않는 것과 영혼으로 시선을 돌릴 필요가 있지요.

우리는 매일 열심히 일해야 하지만, 정작 중요한 것은 무슨 일을 하는가에 있겠습니다. 힘든 일상을 마치고 쉬는 것은 삶에서 얻는 큰 기쁨 중 하나이지요. "지옥은 즐거움 뒤에 숨어 있고, 천국은 노동과 고통 뒤에 숨어 있다."라는 톨스토이의 말을 음미해 볼 가치가 있겠습니다.

강진 월출산 무위사

　신라 헌강왕 때 도선국사가 갈옥사로 처음 창건했다. 선각국사 형미가 고려 태조 왕건의 요청으로 무위갑사에 머무르면서 절을 중수하고 널리 교화를 펴 대중적 지지를 받음으로써 무위갑사라는 절로 재창건되었다. 경내에는 국보인 극락보전을 중심으로 전각 앞에 1678년에 세운 괘불대가 있고 서쪽에 성보박물관이 있으며 선각대사탑비와 고려시대 3층 석탑이 있다.

일주문

사천왕문

설레는 유적여행

극락전(국보)

이 절에서 가장 오래된 건물인 극락보전은 합천 해인사 장경판전과 함께 대표적인 조선 전기 건축물로 세종 때 지어졌다. 전각은 앞면 3칸·옆면 3칸 맞배지붕으로, 지붕 처마를 받치기 위해 장식한 구조가 기둥 위에만 있으며 간결하면서도 아름다운 조각이 세련된 기법을 보여주고 있다. 극락보전 안에는 아미타삼존불과 29점의 벽화가 있었지만, 지금은 불상 뒤에 큰 그림 하나만 남아있고 나머지 28점은 전시관에 보관하고 있다.

극락전 벽화의 전설

'극락전이 완성되고 난 뒤 한 노인이 나타나서 49일 동안 법당 안을 보지 말라고 당부한 뒤 법당으로 들어갔다고 한다. 49일째 되는 날, 주지 스님이 문에 구멍을 뚫고 몰래 들여다보자, 마지막으로 관음보살의 눈동자를 그리고 있던 파랑새가 입에 붓을 물고는 어디론가 날아가 버렸다.' 지금도 그림 속 관음보살의 눈동자가 없다고 하겠다. 이 건물의 특징은 곡선을 많이 쓰던 고려 후기의 건축에 비해, 직선 재료를 사용하여 간결하면서 짜임새 있게 균형을 잘 이루고 있어 조선 초기의 양식을 잘 갖추고 있는 건물로 그 가치를 인정받고 있다.

• • 설레는 유적여행 • •

화에 대처하는 법

화를 내는 것은 부딪침이거나 폭발하는 감정이라고 하겠습니다. 이것은 여러 상황이 뒤얽혀서 일어나는 일이지요. 화는 강렬한 감정이고, 화를 낸 후에는 삶에 많은 영향을 끼치기 때문에 특별히 주의를 기울일 필요가 있겠습니다.

화가 차오르면 우선 잘 살펴보는 것이 중요하지요. 화를 내고 있는 나와 지금 상황과 상대를 빠르게 관찰할 수 있어야 하지만 격정에 사로잡힌 순간엔 그렇게 하기가 쉽지는 않겠습니다. 하지만 폭풍이 휩쓸고 간 자리를 차분히 살펴보는 것은 중요한 일이고, 외양간을 잘 손보면 다음에는 잘 지킬 수 있기 때문이지요.

"왜 화를 내게 되었나. 일이 어떻게 전개되었나. 이후에는 어떻게 되겠나?" 나뿐만 아니라 상대방, 주변까지도 차분히 살펴볼 필요가 있겠습니다. 격렬하고, 나를 폭발하게 하는 감정이 터져 나올 때는 시퍼렇게 칼날을 세우고 있는 꼴이지요. 하지만 지나고 나면 감정의 실체를 붙잡기도 어렵겠습니다.

그러나 우리는 애써 그때의 분노와 정당성을 잊지 않기 위해 기억으로 붙잡아 두려는 어리석음을 범하고 말지요. 조금만 살피면, 한순간 폭발하는 분노에도 많은 것들이 얽혀있음을 알 수 있겠습니다. 찬찬히 살피고 알아차리는 힘은 시차를 좁혀주고, 그때마다 확인이 가능하도록 해 주지요. 그렇게 되면 다른 선택이 가능해질 수 있겠습니다. 화라는 물이 들어오면 노를 잘 저어서 평안한 삶이 되도록 하는 것이지요.

강진 만덕산 백련사

신라 문성왕 때 무염국사가 산 이름을 따서 '만덕사'로 창건한 후 고려 때 원묘국사가 중창하고 백련사로 불리게 되었다. 다산 정약용 선생이 유배를 왔을 때 혜장선사와 종교를 넘어 교류했던 공간으로 잘 알려진 곳이기도 하다. 백련사가 있는 만덕산은 야생차가 많아 예부터 다산(茶山)이라 불렸으며, 다산 정약용 선생이 이곳에서 지냈다는 의미로 '茶山'이라는 호를 지어 사용하였다. 조선 후기 차 문화의 부흥에서 중요한 백련사의 또 다른 백미는 천연기념물로 지정된 동백나무숲이 되겠다.

대웅보전과 만경루

설레는 유적여행

강진만을 품은 백련사의 비경

만경루

다산 선생이 매료되어 자신의 호를 지었다는 백련사 차밭과 강진만

자신의 業

불가에서는 인간의 삶을 괴로움으로 보지만, 자세히 살피면 내가 살면서 만든 것들에 대한 성적표를 확인하는 것이라고 할 수 있지요. 누구든 뭔가 안 좋은 일을 당하게 되면 그것은 자신의 잘못된 행동(業)으로 인한 결과라고 하겠는데, 이것을 '업보'라고 하겠습니다.

우리는 이런 業에서 지혜를 얻을 수 있지요. 業은 행동·말·마음으로 만들어진다고 하겠습니다. 행동으로 짓는 業의 좋은 예는 죽이거나 해치는 일·잘못된 성생활·도둑질 등이 되겠고, 그 결과는 병·가난·고립이지요. 말로 짓는 業은 거짓말·허황한 말·뒷담화·악의적인 말 등이 되겠고, 그 결과로 끝없는 불화에 시달리게 되겠습니다.

마음으로 짓는 業은 탐욕·증오·어리석음으로 만족하지 못하는 것·분노하는 것·분별심을 잃고 빈대 잡자고 초가삼간을 태우는 행동 등이지요. 끝없는 결핍감과 시행착오의 삶을 살 수밖에 없겠습니다.

딱 요즘 같은 세상이지요.

우리는 일이 잘 안 풀리거나 괴로움이 밀려올 때 억울함을 호소합니다. "내가 전생에 무슨 죄를 지었나? 전생에 나라 하나 말아 먹어서 그렇겠지." 하고 퉁쳐 버려서 결국 낭패를 부르지요.

業은 자신의 어리석음이 낳은 결과이고, 이분법의 꿈에서 깨어나지 못하면, 이것과 저것이 일으키는 전쟁에서 벗어나지 못하겠습니다. 자신의 나쁜 業을 잘 살펴서 헛되이 새어나가는 에너지를 줄이면 삶이 그만큼 찰랑찰랑해지겠습니다.

천년을 이어온 동해의 아름다운 일출을 품은 절집

양양 오봉산 낙산사

신라 문무왕 때 의상대사가 창건한 고찰로 한국 3대 관음성지이다. 동해의 풍광이 아름다운 낙산사는 관동팔경 중 한 곳으로, 예로부터 수많은 글과 그림으로 그 수려함이 전해지고 있겠다. 문화재로는 16m 높이의 해수관음상, 해안 절벽 위에 지어진 일출 명소 의상대, 바다를 굽어보는 암자인 홍련암, 고려시대 양식을 이어받은 7층 석탑, 부처의 진신사리를 비롯한 사리장엄구가 발견된 해수관음공중사리탑, 사리장엄구 등이 잘 알려져 있다. 2005년 큰 화재로 보물이던 동종을 비롯해 20여 채의 전각이 소실되는 전 국민적인 아픔을 간직하고도 자비로움과 수려함을 잃지 않은 사찰이다.

빈일루

빈일루는 낙산 일출과 연관되지만, 국가의 평안을 바랐던 조선 왕실의 염원이 담겼다. 빈일루는 해를 맞으며 천시를 헤아리고 농사가 고르게 잘 이루어져 순조롭기를 바라는 누각 이름이다.

보타전

보타전은 원통보전·해수관음상과 더불어 낙산사가 우리나라 대표의 관
음성지임을 상징하는 세계 최대 규모의 전각이다. 내부에는 7관음·32응
신·1500관음상을 봉안하고 있다.

고려시대의 흔적이 남
아있는 7층 석탑으로 3
층이던 것을 조선 세조
때 7층으로 조성한 탑이
다. 이때 수정으로 만든
염주와 여의주를 탑 속
에 봉안하였다고 전해진
다. 조선의 숭유정책으

원통보전·7층 석탑

로 1000여 년간 국교로 자리 잡고 있었던 고려 불교는 쇠퇴의 길을 걸었다.

설레는 유적여행

이때 불교 조형 미술 분야도 크게 위축되었는데, 다행히 조선 전기에는 고려 때 양식이 다소 조성되었다. 낙산사 7층 석탑도 그중 하나라고 하겠다.

동종

조선 예종이 아버지 세조를 위해 낙산사에 보시한 종으로 조선 초기의 종을 대표하는 것

이었으나, 2005년에 화재 사고로 녹아내려 보물 지정이 해제되고, 현재는 복원된 것이다. 조선시대 범종 가운데 16세기 이전에 조성된 드문 예로서, 조각수법과 모양이 아름다워 당대 한국 종을 대표하는 걸작으로 꼽혔지만 아쉽게도 옛 모습을 잃고 말았다.

해수관음상

높이 15m의 거대 불상으로, 크기만큼 공사 기간도 6년 6개월 만에 완성했다. 불상을 바라보면 관음보살이 백두대간에 서서 바다에 자비를 내리는 듯하다. 그 시선을 따라가면 의상대와 홍련암이 있다.

의상대

의상대는 의상대사가 참선했던 곳에 지은 정자이다. 낙산사에서 동해와 가장 조화롭게 어우러지며 한국 美가 웅장한 장소를 꼽으라면 단연 의상대라고 하겠다. 의상대사가 수행을 한 곳이지만 사람들에겐 천하 절경이 어우러진 일출 명소이기도 하다.

설레는 유적여행

수려한 풍광과 장엄한 일출이 있어서 관동팔경이라 했던가.
수많은 시인 묵객들은 의상대를 찾아와 글과 그림으로 노래했고
낙산사를 담는 것은 지금도 다르지 않겠다.
나를 조금 내려놓고 자비로운 마음으로 보는 것만으로도 충분하지 않겠나.
《김용규》

내버려 둬라

가난을 들키고 싶은 사람, 무능함을 들키고 싶은 사람, 두려움을 들키고 싶은 사람은 없겠습니다. 허세를 부리고 목소리가 큰 사람 앞에서 조금만 침착하면 그것을 단번에 알 수 있지요.

마찬가지로 우리는 들키고 싶지 않으면서, 또 상처받기 쉬운 영혼 들이 되겠습니다. 그래서 폭우에도 쓸려나가지 않을 수 있는 기름진 마음 밭을 다질 필요가 있지요.

조금 봐주기도 하고, 적당히 받아줄 정도는 되도록 마음을 내버려 두는 것이 지혜가 되겠습니다. 비료를 너무 뿌려대면 땅이 오염되는 것처럼, 마음 밭도 꼭 무엇을 이뤄야 한다는 너무나 많은 강박으로 인해 푸석푸석해져 있기 때문이지요.

"적당히 하고 그냥 내버려 둬라!"

팍팍한 삶에 쉼이 필요하다는 의미이고, 좀 놔두면 마음의 기운은 차오르겠습니다. 그런 마음은 무엇이든 다시 품을 수 있고,
새로운 삶을 만들 수 있는 풍요로운 에너지를 충전해 주지요.

산중 암자에서 길을 묻다

    수행이란 죽을힘을 다해 매달려야 하는 삶에 대한 절체절명의 고독한 여행이다. 세상을 자비의 연꽃밭으로 일구기 위해 우선은 잡초가 무성한 나의 마음속 잡초부터 뽑아내야 하는 고행의 시간이다. 심신이 갈기갈기 찢어질지라도 탐·진·치의 잡풀을 뽑아내지 못하는 한, 먹지도 마시지도 않겠다는 수행자의 결기라고 하겠다. 그래서 세상과 고립된 둥지에 홀로 가부좌를 틀고 돌아앉았다.

산중에 무엇이 있으리오
산마루엔 흰 구름 많다네
다만 나 홀로 즐길 수 있을 뿐
임금에게 바칠 수는 없다네
《중국 양나라 도홍경》

구례 오산 사성암

　사성암은 구례 오산 정산 부근의 깎아지른 암벽을 이용하여 지은 사찰
이다. 백제 성왕 때 연기조사가 건립하여 오산암이라 불리다가 원효대사·
도선국사·진각국사·의상대사 4명의 성인이 수도한 곳이라 하여 사성암이
라 했다.

유리광전

　높은 암벽 위에 아찔하게 지어진 약사여래 부처님을 모신 전각이다. 약
사여래는 중생의 질병을 고쳐주는 약사 신앙의 대상이 되는 부처이다. 모
든 중생의 질병을 치료하고 재앙을 소멸시키며, 부처의 법도를 따르고 실천
하는 수행자로 하여금 깨달음을 얻게 하는 부처라고 하겠다.

사성암에서 바라보는 아름다운 구례 전경은 많은 이에게 잘 알려져 있고, 눈 호강에 오금이 저릴 지경이다. 굽이치며 유유히 흐르는 섬진강과 넉넉한 평야, 그 너머 장엄하게 솟은 지리산의 연봉들을 한눈에 담을 수 있는 것은 호사다.

마애여래입상

유리광전 내부 암벽의 마애여래입상은, 원효대사가 선정에 들어 손톱으로 새겼다는 전설이 전해진다. 압도하는 아름다움·경이로움·온화한 미소!

인생 이야기

　내가 태어나 살던 곳, 유년 시절의 추억, 배우며 미래를 꿈꾸던 학창 시절, 사회에 진출해서 자리 잡은 모퉁이, 가정을 이루고 분투하며 열정으로 살아낸 날들, 성취와 좌절, 희로애락, 누구든 나름의 드라마틱한 인생 이야기가 있겠습니다.

　많은 사람들은 자신의 과거 이야기를 미화하고, 희망하는 미래를 위해 다양한 색깔을 입히며 살아가지요. 또 어떤 사람들은 과거의 기억에서 헤어나지 못하고 미래에 대해 절망하기도 하겠습니다.

　자유로운 삶을 위해서 가장 중요한 것 중 하나가 좋은 이야기든 나쁜 이야기든, 이런 자신의 이야기로부터 해방되는 것이지요.

　자신의 소중한 이야기는 결국 자기연민으로 가게 되어 있겠습니다.

　자기 친절, 자기 배려, 자기 자비를 넘어 자기 해방은 철 지난 과거 인생 이야기를 붙잡고 있는 동안에는 불가능하다는 것을 이해하는 것이 중요하지요.

　누구에게나 자신의 이야기는 아름답고 애틋하겠지만 자신과 자신의 이야기를 붙잡고 있는 한, 자유로운 삶을 누리는 것이 더 어려워진다는 이치를 알 필요가 있겠습니다.

　나뿐만 아니라 타인에게도 사랑과 자유의 완성은 놓아주는 것이고 날려 보내는 것이 그 시작점이라고 하겠습니다.

순천 송광사 불일암

법정 스님이 손수 짓고 17년간 수행한 무소유의 삶이 담겨 있는 암자이다. 스님을 추억하는 세 칸짜리 작은 집에 담긴, 수행 정신과 자비로운 사람들의 이야기가 있겠다. 수행자를 위한 절집답게 학습 공간·생활 공간·숨은 쉼터 등의 공간도 갖췄다. 새벽부터 경 읽는 소리가 끊이지 않는다는 선방부터 수행자들의 숨은 일상을 엿볼 수 있는 소박한 절집이다.

　산중 암자엔 "아무것도 갖지 않을 때, 비로소 온 세상을 갖게 된다."라는
법정 스님의 무소유의 삶이 스며있었다.

나이 든 노인과 젊은 어른

중년 나이에 훅 늙어버린 사람이 있는가 하면, 칠순을 넘기고도 넘치는 체력과 삶의 열정이 팔팔한 사람도 많이 있겠습니다.

힘이 있으면 태산도 언덕처럼 보이고, 기운이 떨어지면 언덕도 태산처럼 아득하게 보이지요.

삶에서 딱히 정해진 것이란 없겠습니다.

살면서 맞닥뜨리는 모든 것은 분리할 수 없는 서로 엉켜있는 덩어리지요. 삶의 상황들을 나의 입장에서 보고 있다는 것을 알고, 그것을 벗어 던진 사람에게는 현실이 소박하게 드러나겠습니다.

그것은 나의 편견을 버리는 것이고, 겸손하다는 의미이지요.

사실이 드러나더라도 원망과 한탄으로 삶을 낭비하지 않고, 그 에너지를 직면하는 상황에 집중하는 데 사용할 수 있겠습니다.

불필요하고, 성가시고, 불행으로 이끄는 부정적 감정이 자연히 떨어져 나가게 되는 것이지요.

젊음은 나이와 상관없이 고정관념으로부터 자유롭고 겸손한 사람에게만 찾아들 수 있겠습니다.

나이 든 노인이 아닌, 젊은 어른이 되는 것이지요.

해남 대흥사 일지암

초의선사가 머물던 차 문화의 본향이다. 조선 후기 '초의'라는 걸출한 스님이 해남 두륜산 대흥사 경내에 일지암이라는 암자를 짓고 차나무를 심어『동다송』을 집필하면서 차의 원형을 복원한 곳이다. 초의선사는 불교에 정진하며 시문과 유학의 경계를 넘나들면서 자유롭게 구도의 길을 걸었다. 5세 때 강가에서 놀다가 물에 빠졌을 때 지나가던 스님이 건져준 것을 인연으로, 15세 때 나주 운흥사에서 출가했다.

설레는 유적여행

　초의선사는 강진에서 유배 생활을 하던 24세 연상의 다산 정약용 선생
을 스승으로 모시고 처음 교유했다. 다산 선생은 유배 생활의 답답한 심회
를 풀기 위해 가까운 사찰을 찾았고, 그곳 승려들과도 친밀하게 교유했다.
그중에도 백련사 혜장선사와 대흥사 일지암 초의선사는 다산 선생과 가장
가까운 사이였다. 혜장선사는 다산 선생이 다산초당에 머무를 때 자주 찾
았고 차를 함께 나누며 즐거워하고 시로 화답했다고 전해진다.

초의대선사상

초의선사는 불문에 그치지 않고 유학·도교 등 당대의 여러 지식을 섭렵하며 다산 선생·추사 선생과 같은 학자나 사대부들과 폭넓게 교유했다. 그림·서예·시·문장에도 능했으며, 장 담그고 화초 기르는 것까지 허술히 하지 않았다. 그에게는 가부좌 틀고 있는 것만 선이 아니었으며 현실 생활과 참선이 따로 떨어진 것이 아니었다. 그뿐 아니라 '다선일미', 즉 차와 선은 별개의 것이 아니라고 생각했다. 차는 그 성품에 삿됨이 없어서 어떠한 욕심에도 사로잡히지 않으며, 때 묻지 않은 본래의 원천과 같은 것이라고도 했다. 그가 지은『동다송』은 차의 효능과 산지에 따른 품질, 만들고 마시는 법 등을 기록한 것으로 우리나라 최초의 차에 관한 책이며『동다송』은 말그대로 우리나라 차에 대한 예찬을 담고 있다. 40년 지기 추사 선생이 세상을 떠나자 일지암으로 돌아와 쓸쓸히 만년을 보내다가 81세에 서쪽을 향해 가부좌하고 입적했다.

설레는 유적여행

인생 역전

세상이든 자신의 삶이든 크고 작은 사고는
의도하고 행동한 것들이 많이 쌓이고 무르익으면 발생하지요.
과학적으로 우연이란 것은 없고
인과관계 없이는 어떤 사고도 일어날 수 없겠습니다.

사건의 흐름이 차곡차곡 쌓여왔을 뿐이고
그 흐름을 아는 것이 참으로 중요하지요.
더 나아가 흐르는 동안 전개되는 스토리를 알고,
그것을 들을 수만 있다면, 비로소 삶이 의미를 가지게 되겠습니다.

그리고 그 스토리의 작가가 바로 '나'라는 것을 알게 되면,
보다 자유롭고 생기발랄한 삶이 열릴 수 있지요.
자신에게 일어난 사건을 연결하고 해석하는 능력이
곧 창의력이고 '인생 역전'을 만들 수 있겠습니다.

비가 오건 안 오건 하늘 위에 해는 오늘도 떠 있지요.
우리의 하루도 그와 같으면 좋겠습니다.

해남 달마산 도솔암

도솔암은 통일신라 말 의상대사가 창건한 천년의 기도 도량으로 알려져 있겠다. 달마산 미황사를 창건한 의조화상도 미황사를 창건하기 전 수행했던 곳으로, 역사적 의미가 담겨 있는 암자이다. 정유재란 때 불에 타 흔적만 남아있던 곳을 오대산 월정사에 계셨던 법조 스님이 복원 중창했다고 전해진다.

설레는 유적여행

　도솔암은 달마산 정상 도솔봉에 내려앉은 암자이다. 석축을 쌓아 올려 요새 같고, 주변 풍광이 수려해 일출과 일몰의 다도해를 감상할 수 있다. 마치 구름 속에 떠 있는 듯한 느낌을 주어 신선의 세계로 빠져들게 한다.

욕심의 그물

세상은 꿈이라고 보기에는 너무 생생하고,
현실이라고 보기에는 허무한 것처럼 보일 때가 많겠습니다.

현실인가 꿈인가?
살아 있는 것인가 허무한 것인가?

이런 생각들이 공존하고 있는 것이 우리의 삶이지요.
그것들도 뒤엉켜 있어서 구분할 수 없는 것이 현실이 되겠습니다.

제아무리 좋은 그물이라도 바다를 낚아 올릴 수 없듯이, 우리의 삶도 이와 다르지 않지요. 이런 이치를 알게 되면 열심히 그물을 짜고, 무작정 그물을 던지던 무한도전 같은 어리석은 삶의 시계를 멈출 수 있겠습니다.

그렇게 되면 큰 바다도 들어올 수 있고,
어쩌면 그 바다가 인생일 수도 있지요.

바람이 멈추면 거친 파도도 저절로 멈추는 것이 자연의 이치라고 하겠습니다. 이 모든 것이 내 손으로 악착같이 움켜잡고 있던 욕심의 그물을 놓아버리는 데서 시작될 수 있지요.

여수 금오산 향일암

향일암은 신라 때 원효대사가 창건하여 원통암이라 불렀다. 고려 때 윤필거사가 금오암이라 했고, 조선 숙종 때 인묵대사가 향일암이라 이름했다. 일출 광경이 장관을 이루어 '향일암'이라 하고, 주위의 바위 모양이 거북의 등처럼 보여 영구암이라 부르기도 하겠다. 기암절벽 사이의 울창한 동백나무 등 아열대 식물들이 어우러져 최고의 경치를 자랑한다. 이곳은 임진왜란 당시 충무공 이순신 장군을 도와 왜적과 싸웠던 승려들의 근거지이기도 하였다.

등용문 '인내와 노력으로 성공을 이룬다.'

향일암은 산의 형상이 거북이가 경전을 등에 지고 용궁으로 들어가는 모습 같다고 해서 '쇠 금, 큰바다거북 오'자를 써서 금오산, 암석들이 거북이 등껍질 문양을 닮아 금오암, 거북의 영이 서린 암자 '영구암'이라고도 불린다.

'분별심을 내지 않고 평안의 경지에 도달한다.'

암자에 이르면 큰 바위 두 개 사이로 난 석문을 통과해야 하는데 이곳이 사찰의 해탈문(불이문)이다. 진리는 둘이 아닌 하나임을 의미한다. 이 문을 통과해야 진리의 세계인 불국토에 들어갈 수 있다.

해탈문

설레는 유적여행

대웅보전은 관세음보살이 상주하는 성스러운 곳으로, 중심 법당이다.

천수 관음전으로 오르는 거대한 바위문과 계단을 오르면 누구든 탐욕을 내려놓고 불심으로 기도하면 이루어진다는 해수관음상이 있다.

원효대사가 수행하던 좌선대

어머니의 품 같은 따듯하고 넉넉한 남해를 품은 향일암이다.

•• 설레는 유적여행 ••

강물처럼 새들처럼 바람처럼

내일이 또 오리라는 걸 의심하는 사람은 없겠습니다.
하루가 저물면 뭔가를 기대하거나 걱정하면서 잠을 청하지요.

생각해 보면 삶이란 칼날 위를 걸어가는 아슬아슬함의 연속이겠습니다.
너무나 부서지기 쉽고, 상처받기 쉽다는 것을 경험으로 잘 알지요. 그래서
깊고 깊은 삶의 소리를 들어 볼 수밖에 없겠습니다.

우리가 약하고 상처받기 쉽다는 것은 굳어지지 말라는 의미가 담겨 있지
요. 고집하고 집착할 만한 것은 그 어디도 없고, 그 고집과 집착이 괴로움
과 상처의 원인이 되겠습니다.

물이 얼음이 되면 부딪히고 깨지듯이,
"왜 나이가 들면서 차갑고 굳어진 얼음처럼 되어 가는 것인가?"
늘 그렇듯이 삶은 가타부타 말이 없지요.

"어떻게 받아들일 것인가. 어느 방향을 택할 것인가?"
여전히 중요하고 오래된 숙제가 되겠습니다.

흐르는 강물처럼, 하늘을 나는 새처럼, 걸림 없는 바람처럼,
그렇게 자유로운 삶이 되어야 하지요.

남해 금산 보리암

　원효대사가 이곳에 초당을 짓고 수도하면서 관세음보살을 친견한 뒤로 초당 이름을 보광사라고 했다. 훗날 태조 이성계가 백일기도를 하고 조선 왕조를 열었던 곳이다. 훗날 그 감사의 뜻으로 현종이 이 절을 왕실의 원당으로 삼고 산 이름을 금산, 절 이름을 보리암이라 하였다. 보리암은 금산의 온갖 기이한 암석과 남해의 풍광을 한눈에 볼 수 있는 아름다운 절이다. 경내에는 원효대사가 좌선했다는 좌선대 바위가 눈길을 끌며, 부근의 쌍홍문이라는 바위굴은 금산 38경 중의 으뜸으로 알려져 있다. 빼어난 경치와 남해의 금강, 동물 형상의 바위가 많아 바위동물원으로 불리는 금산과 한려해상 국립공원의 아름다움을 함께 만끽할 수 있는 곳에 우리나라 4대 기도처 중 가장 유명한 관음성지 보리암이 있다.

석불전 보리암의 중심 기도처이다.

해수관음보살상과 3층석탑

화엄봉 원효대사가 이곳에서 화엄경을 읽었다.

상사바위에서 바라본, 보물섬 남해를 품은 보리암

　일찍이 조선 중기 학자 자암 김구 선생이 '한 점 신선의 점'이라고 불렀을 만큼 아름다운 보물섬 남해는 제주도·거제도·진도에 이어 네 번째로 큰 섬이다. 동국여지승람에 '솔밭처럼 우뚝한 하늘 남쪽의 아름다운 곳'이라고도 기록되어 있다. 남해군은 산세가 아름답고, 바닷물이 맑고 따뜻하여 수많은 사람이 즐겨 찾는 곳 중 한 곳으로 거기에 보리암을 빼놓을 수 없겠다.

•• 설레는 유적여행 ••

불편한 시절

지금의 젊은 세대는 과거의 어느 세대보다 자신을 더 많이 사랑하고, 더 많이 표현하는 세대라고 할 수 있겠습니다.

더 많이 사랑하고 더 많이 표현할 수 있기에
더 큰 욕망을 갖게 된 세대이기도 하지요.
마음 한편으로는 불안도 커질 수밖에 없는 것이 문제가 되겠습니다.

이런 청춘들의 욕망을 긍정적으로 봐 주고,
불안을 달래는 역할을 해 줄 멘토가 꼭 필요하지요.
어찌 되었든 이들도 나이 든 세대가 걸어온 것처럼 힘든 여정을 가야 하는데, 부모 세대의 응원은 필수 과제가 되겠습니다.

하지만 그렇게 해서 그들의 불안이 줄어들 것인지는 의문이지요.
대부분은 잠시 속고 속이면서라도 앞으로 걸어갈 수밖에는 달리 해법이 없는 세상이겠습니다.

부모 세대든 자식 세대든,
이래저래 불편한 시절을 좋은 생각으로 가야겠지요.

양양 낙산사 홍련암

신라 문무왕 때 의상대사가 세웠고 고종 때 고쳐 지은 것이 현재에 이르고 있다. 의상대사가 관음보살을 친견한 곳이자 낙산사 창건의 모태가 되어 성지가 되었다는 낙산사에 딸린 암자이다. 법당 마루 밑으로 출렁이는 바닷물을 볼 수 있게 절벽 위에 세워졌고, 법당 안에는 관음보살좌상과 '보타굴'이라는 현판이 붙어 있다. 의상대사가 좌선한 지 7일째 되는 날, 바닷속에서 홍련이 솟아오르고 홍련 속에서 관음보살이 나타나 의상대사에게 법열을 주었다는 전설이 전해진다.

설레는 유적여행

마음의 빈곤

지금 사는 것이 지난날보다 특별히 더 어려워졌다고는 생각되지 않습니다. 만약 어렵게 느껴진다면 삶의 속도 문제겠지요.

사람들과의 소통과 갈등, 급격한 사회 변화로 크고 작은 스트레스는 어쩔 수 없겠습니다. 큰 파도에 휩쓸려 간다는 느낌 정도겠지요.

누구든 죽겠지만 아직은 아니라는 생각, 언젠가 은퇴하겠지만 지금은 아니라는 생각, 만남이 있으면 이별이 있겠지만 아직은 괜찮다는 생각……

우리는 끝을 모르는 게 아니라 아직은 아닐 것이라는 생각으로 살지만, 그 아직의 종착지가 지금일 수도 있겠습니다.

밤에 뜸이 들 시간 정도가 되겠는데, 그 '아직'이, '이미'가 되었다는 의미로 볼 수 있지요. 그러나 '어차피, 결국은~' 같은 회의적인 생각에 빠지지는 않도록 내공을 쌓는 것이 중요하겠습니다.

얼마 남지 않은 생애라 할지라도 인생의 큰 그림을 보는 것이 중요하다는 것이지요. 큰 그림이든 작은 그림이든, 삶이 가져다주는 것들을 포용할 수 있는 마음이 있을 때 가능하겠습니다.

각자 하기에 따라서, 남은 생애의 주인이 될 수도 있고, 아니면 자신의 삶과 관계없는 이방인이 될 수도 있지요.

벌어놓은 것이 없다고 마음까지 빈곤의 나락에 떨어지도록 방치하는 어리석음은 반드시 막아야겠습니다.

제 7 장

옛 삶의 흔적을 간직한 마을 이야기

한국의 읍성과 마을

읍성은 지방별로 행정의 중심지가 되었던 성을 의미한다. 고려 말기까지는 주로 토성이었는데 조선시대에 차츰 석축으로 축성되었고, 사람들이 많이 사는 중심지에 축성되었다. 시대별로 읍성의 수는 다소 변동이 있다. 세종실록 지리지에 기록된 곳은 96개소 정도였으나, 신증동국여지승람의 기록에는 160개소의 읍성이 있었던 것으로 기록되어 있다. 임진왜란 이후에는 107개 정도로, 많은 읍성이 파괴되었으나 방치하면서 퇴락한 것으로 보인다. 현재 원형을 잘 보존한 채 남아있는 읍성은 고창·낙안·해미읍성 정도가 되겠다. 지방자치제 시행으로 읍성을 관광자원으로 활용하여 일부를 복원하거나 남아있는 성벽을 활용하여 공원 등으로 꾸민 경우도 있다.

서산 해미읍성

　조선 성종 때 지어진 서해안 방어의 요충지이다. 6만여 평의 거대한 성으로 동·남·서의 세 문루가 있다. 읍성이란 읍을 둘러싸고 세운 평지성으로 특히 해미읍성은 조선말 천주교도들의 순교 성지로도 유명하다. 천주교 박해 당시 관아가 있던 읍성으로 충청도 각 지역에서 수많은 신자가 잡혀 와 고문받고 죽임을 당했으며, 특히 1866년 대원군의 병인박해 때는 1천여 명이 이곳에서 처형되었다. 성내 광장에는 대원군 집정 당시 체포된 천주교도들이 갇혔던 감옥 터와 나뭇가지에 매달려 모진 고문을 당했던 노거수 회화나무가 참혹했던 그날을 기억하겠다.

진남문

동헌

선조 때 이순신은
무과에 급제하고 세
번째 관직으로 '충청
병마절도사'의 군관
으로 부임하여 해미

읍성에서 10개월간 근무했다. 기록에 의하면, "공은 구차하게 낮고 고달픈
자리에 있으면서도 자신의 뜻을 꺾고 남을 따른 적이 한 번도 없었으며 상
관인 주장에게 부정한 사실이 있으면 극진히 말하며 이를 바로 잡았고, 청
렴한 자세로 자신의 몸을 단속하면서 털끝만큼도 사적인 감정을 개입시키
는 법이 없었다."라고 말한 일화가 전해진다.

'해미'라는 지명은 조선 태종 때 정해현과 여미현을 합하면서 부르기 시작한 것에 유래한다. 고려시대에 충청남도 서산 지역은 정해현·여미현·부성현·지곡현이라는 4개 현으로 나뉘어 있었다. 그중에 정해현은 현재의 해미 지역이다. 정조 때 다산 정약용 선생은 신해박해 때 천주교도라는 모함을 받아 해미읍으로 유배를 왔었으나 정조의 도움으로 10일 만에 돌아간 적이 있다.

오백 년 세월 백성을 품은 유비무환의 마을
고창읍성

단종 때 왜적을 막기 위해 주민들이 축성한 성곽이다. 일명 '모양성'이라고도 하는 이 성은 호남내륙을 방어하는 전초기지로서 국방 관련 문화재로 보존되고 있다. 동문·서문·북문과 옹성·치성·해자 등 전략시설이 두루 갖추어져 있다. 산성은 성과 연결이 잘 되는 곳에 축성하는데 고창읍성은 가까운 곳에 입암산성이 있고, 입암산성은 호남내륙을 방어하는 요충지였다. 낮은 야산을 이용하여 바깥쪽만 성을 쌓았고, 성문 앞에는 옹성을 둘러 적으로부터 성문을 보호할 수 있도록 한 것이 특징이다. 또 성내에는 관아만 만들고 주민들은 성 밖에서 생활하다가 유사시에 성안으로 들어와서 함께 싸우며 살 수 있도록 우물과 연못을 만들어 놓았다.

순천 낙안읍성

　낙안읍성은 조선시대 성·동헌·객사·장터·초가가 원형대로 잘 보존되어 있어서 성과 마을이 함께 국내 최초로 사적에 지정된 곳이다. 조선 태조 때 왜구가 침입하자 이 고장 출신 양혜공과 김빈길 장군이 의병을 일으키고 토성을 쌓아 방어했다. 이후 인조 때 임경업 장군이 군수로 부임하여 현재의 석성으로 중수했다. 해미읍성·고창읍성과 함께 현재에도 원형이 잘 남아있는 대표적인 조선시대의 읍성으로 2011년에 세계유산 잠정목록에 오른 바도 있다. 안동 하회마을·경주 양동마을 등과 함께 대한민국에서 전통적인 촌락 형태가 온전하게 남아있는 몇 안 되는 마을이다. 이곳의 가옥들은 꾸며 놓은 민속촌이 아니라 몇백 년을 이어온 실제 초가집이며 현재까지도 주민들이 거주하고 있겠다.

설레는 유적여행

　낙안읍성은 다른 지역 성과는 달리 넓은 평야 지대에 자연석을 이용하여 3개 마을의 생활근거지를 감싸 안은 듯 장방형으로 견고하게 축조하였는데 400년이 지났어도 끊긴 데가 없이 견고하고 웅장하다. 현재도 많은 세대가 실제 생활하고 있는 전통마을로서, 민속학술자료는 물론 역사의 산교육장으로 가치를 인정받고 있다. 안동 하회마을과 같이 양반마을도 아닌, 그저 서민들이 살아왔던 옛 그대로의 모습이기에 정감이 넘치는 곳이다.

사랑과 자유의 두 바퀴

혼자 있으면 외롭다고 느끼지만, 막상 누군가와 함께하면 귀찮고 짜증스러워하거나 심지어 괴롭다고 생각하기 쉬운 것이 우리의 삐딱한 마음이지요.

반면, 같이 하면 동행하는 삶이 즐겁고, 혼자 있어도 혼자의 자유로움이 좋다고 느낀다면 참 좋은 일이 되겠습니다.

우리가 반드시 알아야 할 것은, 누군가와 사랑을 나누는 것과 나의 자유는 서로를 간섭하고 방해하지 않는다는 것이지요.

두 바퀴로 가는 수레처럼 오히려 서로 도울 수 있어서 삶의 여정을 더욱 온전히 만들어 주겠습니다.

"살다 보면 좋은 일만 있겠나?"

매사를 긍정적으로 보는 마음의 근력을 키우는 것이 중요하지요.
사랑이 집착과 구속으로 오인되지 않아야 하겠습니다.

경북 예천 금당실마을

  물에 떠 있는 연꽃을 닮아서 이름 지어진 금당실 마을은 경북 예천군 용문면 일대에 자리한 마을로, 복원된 초가집 6채와 기와집 7채에서 전통한옥민박도 할 수 있는 체험 마을이다. 금당실 마을은 조선 십승지 중의 하나로 양주대감 이유인의 99칸 저택 터를 비롯한 고가옥, 숙종 때 도승지인 김빈 선생을 추모하는 반송재 고택과 인근에는 초간 권문해 선생의 유적인 초간 종택, 초간정 등의 문화유적이 있다. 조선의 전통적인 마을을 그대로 담고 있으며 사대부 생활의 재현과 대동운부군옥, 초간일 등의 사료적 의미를 가진 유교문화자원을 통해 역사 교육의 장으로도 좋은 곳이다. 10여 채의 고택 사이를 미로처럼 이어주는 돌담길도 옛 모습 그대로 남아있다.

　　조선시대 풍수가로 널리 알려진 격암 남사고는 이곳이 조선 태조 이성계
가 도읍지로 정하려고 했던 곳 중의 하나라고 했다. 예천 금당실과 예천 맛
질을 하나로 보면 서울과 흡사하지만 큰 냇물이 없어 아쉽다고 하여 '금당
맛질 반 서울'이란 말이 생겨났다고 한다.

추원재

　금당실 마을의 오미봉 기슭에 남향으로 자리 잡은 건물로 제사 및 강학을 위한 곳이다. 조선 중종 때의 문신이자 함양 박씨 입향조 박종린 선생을 기리고 제사 지내기 위하여 효종 때 지었다. 흙담 안에 사당과 내삼문·강당·대문간 등이 튼 'ㅁ'자로 배치되어 있다. 조선 중기의 전형적인 건물구조이며 짜임과 양식이 매우 옛스러운 건축물이라고 하겠다.

영사정

　홍문관 교리와 이조정랑을 지낸 박종린 선생을 추모하기 위해 후손들이 세운 정자이다. 박종린은 권신 김안로의 공포정치에 관직을 내려놓고 이곳에서 학문을 닦고 후진 양성에 평생을 바쳐서 칭송을 받은 문신이다. 특히 함양 박씨인 박종린 선생은 퇴계 이황 선생의 아버지인 이식의 처 외사촌

이며, 외할아버지가 보백
당 김계행 선생이다. 금당
실은 함양 박씨들이 대과
급제자 11명을 배출하면
서 명문으로서의 지위를
굳힌 유서 깊은 곳이다.

초간정

　　조선 선조 때 학자인 초간 권문해 선생이 관직을 내려놓고 심신수양과
자연의 삶을 누리기 위해 낙향하여 건립한 정자이다. 초간 권문해 선생은
퇴계 이황 선생의 제자로서 문과에 급제하여 벼슬을 했고, 우리나라 최초
의 백과사전인 『대동운부군옥』을 펴낸 학자이다. 초간정은 울창한 송림과
맑은 계곡의 암석 위에 그림처럼 자리하고 있고, 그 빼어난 풍광은 드라마
'미스터선샤인'을 통해 잘 알려져 있기도 하겠다.

설레는 유적여행

싸가지

부끄러움을 알고 체면을 차릴 줄 아는 것을 염치라고 하겠습니다. 주위를 돌아보면 가끔 염치없는 사람들이 있지요.

속된 말로 '싸가지' 없는 사람들이라고 하겠습니다.

'싸가지'라는 말은 싹수의 방언인데, '싸가지'가 없다는 것은 싹수가 없다는 의미가 되지요. 살다 보면 종종 원치 않게 이런 '싸가지'가 없는 사람들을 만나겠습니다.

그런 사람들을 보면, 대부분 나는 저런 사람이 아니고 절대 저렇게 살지 않을 거라고 다짐하지요. 그러다 보니 이런 사람들이 역설적으로 좋은 스승이 되기도 하겠습니다.

항상 그렇듯, 염치없는 사람들은 정작 자신이 염치없다는 사실을 전혀 모르고 산다는 것이 큰 문제이지요. 나부터 혹여나 누군가에게 '싸가지'가 없거나, 염치없는 사람으로 비치고 있지나 않은지…….

수시로 자기반성의 시간이 필요하겠습니다.

강원도 고성 왕곡마을

　국내에서 유일하게 19세기 북방식 가옥이 있는 강원도 고성 왕곡마을은 북방식 전통한옥뿐만 아니라 초가집 군락이 원형을 잘 유지한 채 보존되어 있는 전통민속 마을로 역사적·학술적 가치가 인정돼 관리돼 오고 있다. 마을 중앙의 개울을 따라 이어져 있는 마을 안 길을 중심으로 가옥들이 조성되어 있다. 가옥들 사이에 넓은 텃밭이 있어서 별도의 담이 없고 텃밭을 경계로 가옥들이 구분된 것이 특징이다. 가옥구조는 안방·사랑방·마루·부엌 등이 한 건물 내에 있고 부엌에 가축우리가 붙어 있는 겹집구조이다. 마을 길과 연결되는 앞마당은 작업 공간 역할을 하면서 외부인에게 개방적인 반면, 높은 담으로 둘러싸인 뒷마당은 여성들의 공간으로 사생활 보호 차원에서 분리되어 있다.

큰백촌집

왕곡마을의 가옥들은 강원도에 속해 있지만, 함경도식 건축양식에 가까운 전형적인 북방식 가옥 형태를 띠고 있다. 모든 가옥에 대문이 없는데, 눈이 많이 오면 외부와 고립되기 때문에 이를 없앤 것이라고 하겠다.

북방식 양통집 겹집 구조의 기와집으로 영화 '동주'의 촬영지로 잘 알려져 있다. 왕곡마을은 '멈춤 속 변화'를 만날 수 있는 곳으로 고려 마지막 공양왕을 따라 간성으로 온 충신의 후손들이 마을의 주요 성씨를 이뤄 살고 있다. 왕곡면은 면 소재지이면서 부촌이었

큰상나발집

고, 함경도식에 가까운 북방식 가옥을 조성해서 겨울철 눈바람과 치열하게 살아온 집성촌이다. 향토사학자들에 의하면 왕곡마을은 고려 공양왕과 충신 함부열 선생의 사연이 깃든 곳으로 '임금 왕' 자와 '골짜기 곡' 자를 담아서 '왕곡마을'이라고 했다.

양근 함씨 4세 5효자각

왕곡마을에는 양근 함씨 4세 5세 효자각과 함희석 효자각이 있는데 특히 3대에 걸쳐 다섯 효자가 났다고 하여 조선 순조가 벼슬을 내리고 이들의 효행심을 기리고자 효비를 내리고 효자각을 세웠다.

정미소

20세기에 건립된 왕곡마을 정미소는 보존상태가 양호하다. 현재 방앗간을 지키고 있는 원동기는 교체해서 새로 들여온 것으로, 이것도 제조 이후 100년이 넘었다고 하겠다.

설레는 유적여행

내 생애 큰 그림

세상살이든 마음속의 일이든, 단순하지는 않지만, 그 단순하지 않은 많은 것들이 소중하겠습니다.

그냥 잊어버리거나 무시할 만큼, 하나도 버릴 것들이 아니라는 것이고, 하나를 얻으면 하나를 잃는다는 것이 세상살이의 이치지요.

"행복이 내가 꿈꾸는 욕망의 성취로 오는 것인가, 아니면 다른 곳에서 오는 것인가?"

분명한 것은 자신이 만들어 놓은 것들이 행복의 씨앗이 될 수 있겠습니다. 물론 자신을 소중히 돌보며 여유롭게 살아간다는 것이 쉽지만은 않겠지요.

많은 다심을 해놓고, 또다시 헛된 욕망과 씨름하며 쪼그라들 때가 많겠습니다. 그때마다 잊지 않고 자신에게 물어봐야 하지요.

"나는 어떤 사람인가?"
"무엇이 내겐 소중한 것인가?"
"지금의 일이 진정 나를 사랑하는 일인가?"

매 순간 나에게 던지는 이런 질문들로 삶의 큰 그림을 그려야 하고, 결국 내 생애 큰 그림이 완성되겠습니다.

전주 한옥마을

전주 한옥마을은 한옥뿐만 아니라 풍남문·향교·경기전 등 볼거리가 풍부한 곳이다. 전주 속에서 문화재를 지키고자 하는 고집스러움으로 이루어진 마을이라고 하겠다. 거리를 찬찬히 걷다 보면 옛 모습을 지키려 부단히 노력했을 전주시민의 땀과 노력이 눈에 담긴다.

오목대에서 내려다본 한옥마을과 멀리 보이는 전주시는 완만한 평야와 나지막한 산세 아래로 솟아오른 빌딩 사이에 한옥 기왓장 지붕들이 채웠다.

오목대

446 설레는 유적여행

고려 말 이성계가 황산에서 왜군을 무찌르고 본향인 전주에 들러 종친과 승전고를 울리며 자축한 곳이다. 이후 고종이 친필로 '태조고황제주필유지'라는 비문을 새겨, 태조 이성계가 머무른 곳이라 전하고 있다.

경기전은 조선을 건국한 태조 이성계의 영정을 봉안하기 위해 만든 곳으로 아들인 태종 때 창건되었고 당시에는 '태조진정'이라고 했다. 이후 세종 때 '경기전'으로 개칭했다. 경기전을 들어서면 태조 이성계의 본향 전주 이씨의 면모를 느낄 수 있겠다.

정전

유일하게 남은 태조 이성계 영전

에너지가 넘치는 청춘들이 있어 전주 한옥마을은 부족함이 없다.

설레는 유적여행

전주대사습청

전주대사습놀이는 조선 후기에 성행했던 판소리 중심의 국악 경연대회를 의미하겠다. '사습'은 활쏘기에서 연습으로 쏘는 것을 말한다. 전주대사습에서 판소리가 주요 종목이었고 판소리 창을 하는 사람들의 등용문이었다. 이름이 알려지면 명창으로서의 명예와 경제적인 부를 쌓을 수 있었고, 간혹 임금 앞에서 소리를 하고 벼슬을 얻기도 했다.

참 '나'를 찾아서

청춘 시절에는 남들이 인정해 주는 성공을 하고 싶어서 내 속의 소리를 듣지 못했고, 나이 오십에 들어서는 오랫동안 하던 일 때문에 다른 것은 엄두를 내지 못했지요.

많은 시간이 남지 않았지만, 그나마 이제부터라도 잘 살려면 나의 관심과 재능, 체력에 삶을 맞추는 것이 좋겠습니다.

남을 쫓아다니고 흉내를 내 봤자 더 큰 상실감만 맛보기 십상인 것을 잘 알지요.

어떤 사람은 의존에서 벗어나 독립하라 하고, 또 어떤 사람은 삶의 표면과 마음을 합쳐서 참 '나'를 찾으라고 권유하겠습니다.

진정으로 '나'인 사람은 우월감과 열등감의 저울에서 내려올 수 있기 때문이지요. 내려와서 단단한 땅 위에 굳건히 서면 되겠습니다.

제주 성읍민속마을

서귀포 표선면 한라산 기슭 아래 있는 제주도 옛 민가의 특징을 잘 간직하고 있는 마을이다. 유·무형의 문화유산이 많이 분포되어 있고, 옛 마을 형태가 잘 보존되어 그것을 유지하기 위해 보호하고 있다. 이곳에는 옛 민가·향교·옛 관아·돌하르방·성터 등과 제주 특유의 민요·민속놀이·향토음식·민간공예·제주방언 등의 문화유산이 지금까지 전수되고 있다. 특히 마을 내 고목과 돌담 그리고 옛 성벽 등이 어우러진 고풍스러운 모습은 오백 년 도읍지의 역사를 잘 보여주고 있겠다.

남문과 돌하르방

주민들의 안녕과 건강을 빌어주는 주술적, 종교적 의미를 나타내며 도읍지의 경계를 분명히 알려준다고도 하겠다. 좌우로 각 2기씩 세워져 있다. 둥글넓적하고 생김새가 서로 닮은 돌하르방들은 제주의 다른 곳과 차이가 뚜렷한 것이 특징이다. 성읍마을에서는 예로부터 돌하르방을 '벅수머리' 또는 '무성목'으로 불러왔으며, 모두 원래 자리를 지키고 있다.

정의현 객사

지방관이 임금에게 정기적으로 초하루와 보름에 배례를 올리던 곳이고, 중앙 관리가 내려왔을 때 잔치나 연회를 베푸는 장소이자 관리가 머무르는 숙소였다.

성읍마을 객주집

넓은 집터에 5채의 건물이 마당을 중심으로 'ㅁ'자로 배치된 집이다. 18세기 말에 지어졌고 정의 고을 중심에 있는 제주 농가의 구조를 갖춘 객주이다.

원님 물통

대장간 집, 고상은 씨 고택 앞에 있는 우물로 물이 깨끗해 일반인의 사

•• 설레는 유적여행 ••

용은 금지되고 원님만 사용했다고 하여 '원님 물통'이라 한다. 용천수가 아닌 봉천수(빗물)이며 남문 가까이 있어 '남문 물'이라고도 불리겠다.

말방아

곡식을 찧거나 빻을 때 사용하는, 육지의 연자방아와 비슷하나 말을 이용해서 말방아라고 부른다. 제주도는 다른 지역에 비해 말방아의 분포 비율이 높아 30가구 정도에 하나를 만들었다고 전해진다.

고평오 고택

18세기 말에 지어진 고택으로 마당을 중심으로 안채와 바깥채가 마주하고 서 있고, 마당 동쪽에 모커리(사이에 있는 집채)가 있는 형태이다. 정의고을 때부터 면사무소가 이곳으로 옮겨지던 근래까지 주로 관원들이 숙식하던 공간이라고 하겠다.

노다리 방죽

 관청에 청원을 넣은 사람들이 중개인을 만나 의논하던 곳이며, 관속들이 쉬던 곳이다. 사각형의 물통으로 예전엔 창포를 길렀고 여자들이 머리를 감을 때 사용하기도 했다.

 성읍민속마을은 세종 때 정의현청이 성읍리로 옮겨오면서 정의읍성과 함께 지어졌고, 1975년에 현재의 모습으로 복원되었다.

설레는 유적여행

겸손한 마음

나는 누군가에게 세상을 너무 모른다고 손가락질하며 살지만,
정작 세상을 모르는 사람은 내 자신일 수 있겠습니다.

나는 세상을 알 만큼 안다고 생각하고 다른 사람은 순진한 듯 보이지만,
실은 순진해 보이는 상대가 복잡한 계산을 이미 끝낸 사람일 수 있지요.

진짜 터프하다는 것이, 눈에 보이는 폭력이 아니라 재빠른 계산과 틀짜기
가 되겠습니다. 양아치의 세상은 터프한 게 아니라, 조잡스럽고 피곤한 것
이지요.

다른 사람을 어리다고 보는 내가,
어쩌면 가장 미숙한 사람일 수도 있겠습니다.

가끔 책을 보면서 생각하지요.
사람들을 만나면 무슨 말을 하며, 어떤 글을 쓰는 것이 위험한 것임을
알고, 겸손하고 더 차분해야 함을 성찰하겠습니다.

하지만 술만 마시면 통제가 잘 안 되는 입이 큰 병이지요.

서울 북촌 한옥마을

　전통한옥이 모여있는 경복궁과 종묘 사이에 있는 전통 주거지역이다. 종로의 윗동네라는 의미로 '북촌'이라고 불리고, 많은 문화재와 민속자료 등이 있어 도심 속의 박물관이라 하겠다. 조선시대 양반층 주거지로서 큰 변화가 없다가 1930년대에 주택경영회사들이 도시구조를 근대적으로 변형시킨 한옥들을 많이 건설하게 되는 변화에 직면하게 된다. 현재 한옥들이 밀집되어 있는 가회동·삼청동·계동의 주거지들이 이 시기에 조성되었다. 그럼에도 북촌 한옥은 전통한옥의 명맥을 유지하면서, 근대적인 도시에 걸맞은 새로운 주택 유형으로 변화하게 되겠다. 북촌 지역이 모두 한옥으로 이루어져 있던 1960년대와 달리, 현재는 빠르게 들어선 다가구 주택 때문에 한옥이 많이 사라졌지만, 일부에는 잘 보존된 한옥들이 많이 남아있고, 여러 채의 한옥이 처마를 잇대고 이웃과 함께 공유하고 있는 모습은 우리가 잊고 살았던 정과 맛을 느끼기에 부족함이 없겠다. 마을 언덕을 오르다 보면 이어진 기와지붕의 아름다움만큼이나 우리 문화의 가치와 따듯함을 느낄 수 있다.

설레는 유적여행

나에게 묶인 삶

웬만큼 살다 보니 형제·자식·배우자 등의 가족을 통해 이들이 결코 내가 될 수 없음을 확인할 때가 있겠습니다. 가족을 사랑하지 않는다는 것이 아닌, 사랑하는 사람들조차도 내가 아니라는 의미이지요.

마음속으로 들어가 보면 생각이나 감정도 이와 다르지 않겠습니다. 그것들이 나를 압도하는 순간에는 그 감정이나 생각이, 마치 자신인 것처럼 착각할 수밖에 없지요. 그러나 시간이 지나면 내가 아님을 잘 알 수 있겠습니다.

이런 경험들이 쌓여서 내 생각과 감정에 포위되어도, 그것에 휘둘리지 않으려면 사실을 있는 그대로 볼 수 있어야 하지요. 다행히 내 생각과 감정에 고립되지 않을 수만 있다면, 그 자체가 평안한 삶이 되고 큰 동력이 될 수 있기 때문에 중요하겠습니다.

감정과 생각에 휘둘리면 그것이 내가 만든 나를 가두는 감옥이 되고, 스스로 묶여서 부림을 당하는 감옥살이 같은 삶이 되지요.

또 내가 묶은 것이니 내가 풀어야 하겠습니다.

그렇게 풀려나고서도 내가 누군지도 모른다거나, 다시 묶여서 가둬지는 삶이 되풀이되지 않도록 경계해야 하지요.

감정과 생각을 차분히 살피며 가는 자유롭고 행복한 여정이 되었으면 좋겠습니다.

경북 봉화 충효당과 베트남 리 왕조

경북 봉화에 있는 조선 선조 때 사람인 이장발의 충효 정신을 기리기 위하여 건립했다. 이장발은 어려서부터 재질과 의지가 굳세어 배움에 부지런하고 효성이 지극했다고 전해진다. 임진왜란이 일어나자 19세의 나이로 편모슬하의 가장이면서도 모친의 허락을 받고 전장으로 달려가 문경새재에서 혈전 끝에 전사하였다. 죽기 바로 직전, 못다 한 충효의 애절한 마음을 읊은 시를 남겨 후대 사람들에게 귀감이 되고 있다. 베트남 '리 왕조' 6대 황제 영종의 아들이며 한국의 화산 이씨 시조 이용상은 왕족의 쿠데타로부터 탈출해 고려 옹진 화산에 정착했다. 그 베트남 '리 왕조' 이용상의 13세손이 바로 이장발이다. 베트남 '리 왕조'와 관련한 문화재로는 이곳이 국내에서 유일하다. 베트남 '리 왕조'는 중국으로부터 식민 통치 기간 폭압과 종속을 불식시킨 최초, 최장의 통일 왕조이다. 현재도 왕조 건국일에 '덴도축제'를 열고 있을 정도로 베트남 국민들의 존경과 자부심의 대상이 되고 있겠다.

경북 봉화 충효당

설레는 유적여행

유네스코 세계문화유산 Hanoi 탕롱황성

하노이에 있는 탕롱황성은 리 왕조에 의해 건립되었고, 후대의 황제들에 의해 확장되었다. 1810년에 응우옌 왕조가 Hue 황성으로 수도를 옮기기 전까지 베트남의 정치·문화의 중심이었고, 프랑스 통치 시대에도 행정의 중심으로 삼았다. 19세기에 프랑스의 지배가 시작된 이후로 전각들이 대부분 철거되었으나, 21세기에 복원 작업이 시작되었다. 1945년, 이곳은 일본군이 프랑스군 포로들을 가두어 놓는 감옥으로도 사용되었다. 2010년 유네스코 세계 문화유산으로 등재되고, 현재는 박물관처럼 유물들이 전시되어 있겠다.

수많은 전쟁으로 훼손되고 방치된 황궁 건물

정전

궁의 중심 건물로 건물 앞 광장에서 황제는 큰 국가 행사를 열었다.

유물전시관

오랜 중국과 프랑스의 식민 지배로 중국·프랑스·베트남, 세 나라의 건축양식이 오묘하게 조성되었다. 베트남 사람들에게 탕롱황성은 역사적으로 큰 의미가 담긴 문화유산이라고 할 수 있겠다. 마치 한국의 덕수궁처럼.

설레는 유적여행

유네스코 세계문화유산 Hue 황성

1802년부터 1945년까지 약 143년간 베트남을 통치했던 응우옌 왕조의 마지막 황궁 역할을 했던 곳이다. 1차·2차 베트남 전쟁을 겪으면서 폐허 수준으로 훼손됐지만, 역사가 깊은 만큼 가치 있는 유적이다. 성곽 둘레가 10km에 이를 정도로 역대급이고, 중국에 1000년, 프랑스에 의한 100년이 넘는 식민 통치로 황궁 전각들이 다양하게 혼합된 독특한 형태를 띠고 있다. 1880년 프랑스에 주권을 빼앗기기 전까지 베트남의 정치적 중심이었고, 마지막 응우옌 왕조가 명맥을 지속할 때까지 정식 수도였다. 황궁은 프랑

스와의 전쟁과 수많은 약탈, 크고 작은 자연 재해에 시달렸다. 가장 큰 피해는 베트남 전쟁이었고, 아직도 건물 벽에 남아있는 총탄 흔적들을 볼 수 있다. Hue 시는 유적 전체가 유네스코 세계 문화유산으로 지정되었으며, 전쟁 등으로 파괴된 유적들의 복원·보존 작업이 활발히 진행되고 있다.

중도교

황궁의 태백호에 놓인 중도교(금천교)는 우리나라 조선 궁궐 입구에도 있다. 금천이란 '몸과 마음을 깨끗이 하고 궁궐로 들어오라'는 뜻이 담겨 있다.

태화전

1805년 자롱제가 건립한 황성의 정전이며, 국사를 논의하는 곳이다. 황제의 공식 접견, 대관식 등이 치러졌으며, 현재

옥좌

의 건물은 전쟁으로 심하게 무너진 것을 재건한 것이다. 내부에는 황제가 사용하던 옥좌가 안치되어 있으며, 전시실에는 황제의 옥새, 고관대작들의 사진들이 전시되어 있다.

태평루

설레는 유적여행

태평루는 황제의 서재, 휴식처로 사용되던 전각이다.

연수궁 황태후가 거처
하던 전각으로 태후가 좋
아할 만한 아름다운 건축
미를 담고 있겠다.

프랑스 식민 통치의 영향이 서린 황궁 전각

유네스코 세계문화유산 Hue 민망 황제릉

응우옌 왕조 2대 민망 황제는 베트남 국민들에게 가장 사랑받는 황제로 통치 20년 동안 가장 강력했고, 지금의 베트남을 완성한 황제라고 하겠다. Hue에 있는 민망 황제의 능은 1840년에 착공하여 1843년에 완공되었으며, 건설에 1만 명의 병사와 노동자가 동원되었다. 생전 그의 능 위치를 흐엉강 근처에 있는 자리로 직접 골랐으며, 무덤에는 그의 공적을 새긴 비석과 이를 보호하기 위한 누각이 세워져 있다. 궁궐 같은 황제릉이 방문객을 압도한다.

숭은전

'은혜를 숭상한다.'라는 뜻을 담은 전각이 되겠다. 비빈들이 황제를 끝까지 추앙하고 숭상하며 변하지 않는 사랑으로 여생을 보낸 곳이다. 시종이나 내시들도 함께 기거했다고 하겠다.

현궁

황제의 영혼을 인도하는 '정직과 총명의 다리'인 중도다리를 건너서 계단을 오르면 민망 황제가 잠들어 있는 능침 '현궁'이다. 능침은 1년에 두 번, 음력으로 12월 말·3월 3일에만 개방된다. 베트남의 불볕더위만큼 민망 황제의 통치는 뜨거웠다.

민망 황제의 가장 큰 업적은 베트남과 중국의 영토분쟁지역인 남사군도와 베트남·필리핀·말레이시아·중국의 영토분쟁지역인 시사군도를 1800년 당시 무력으로 베트남 영토임을 확실히 했다는 점이다. 그는 비전을 가진 지도자였고 동북아에서의 강력한 베트남을 만든 황제였다. 43명의 아내와 142명의 자식을 두었던 민망 황제는 여성 편력도 지도력에 걸맞게 강력했다는 민망한 기록이 남아있다. 그래서 '민망 황제'인가? 이때 조선은 정조가 승하하고, 안동 김씨의 세도정치로 국운이 기울기 시작했을 때였다.

유네스코 세계문화유산 Hue 카이딘 황제릉

응우옌 왕조 제12대 카이딘 황제의 능은 1920년부터 1930년까지 10년 동안 자신의 사후를 위해 산을 깎아 만든 능으로 백성들의 피와 땀이 범벅이 된 곳이다. 특히 이 황릉은 20세기 초 베트남 건축 예술을 대표하는 곳으로 베트남과 유럽 고딕 양식이 혼재되어 있다. 입구에서 올라 중앙에 이르면 공덕비와 무덤을 지키는 문무관·기마·코끼리 상을 볼 수 있다. 벽과 제단이 도자기와 유리 모자이크로 화려하게 장식되어 있고, 천장에 용 그림이 유명하다.

비정

황제의 공적 비석이 있는 공간으로 비석은 보통 아들이나 후대 왕이 쓰는 것이 관례인데, 카이딘 황제의 비석은 신하가 썼다고 한다. 특히 베트남 국민들이 긁어서 훼손되고 지워진 비석 뒷면

이 유명한데, 황제를 얼마나 미워했으면 그랬을까도 싶다. 황제 자신이 살아있는 동안 백성의 고혈을 짜서 조성한 능이라는데 이유가 있고, 능을 만드는데 사용한 재료가 대부분 중국·일본·영국 등 해외에서 수입한 것이라는데 답이 있겠다.

티엔딩 궁

카이딘 황제가 실제로 묻혀있는 가장 핵심 건물이 되겠다. 일단 크기가 압도적인 궁이지만, 황릉에 유일하게 왕비나 후궁을 위한 공간이 없는 것이 특별하다. 그것은 황제가 동성애자였기 때문이라고 전해진다. 황궁 무희도 여자가 아닌 남자들이었고, 평소에도 여자들을 멀리하고 남자들과 가까이했다는 기록이 있다. "딸을 수녀로 만들고 싶으면 나에게 보내시오!" 여자를 권하는 신하들에게 카이딘 황제가 한 말이다.

유물 전시관

황제 능침

오벨리스크는 사후(지하) 세계로 안내하
는 등불과 문을 상징하는 건물이 되겠다.
하나의 돌로 다듬었다는데 엄청난 규모가
보는 이를 압도한다. 동서양의 건축양식이
혼합되어 있다는 점에서 가치가 있는 유명
한 건축물이다.

오벨리스크

베트남 역사는 수많은 전쟁과 침탈의 역사, 치욕의 근대사를 간직한 우리
와 너무나도 유사하다. 응우옌 왕조 후기는 절정의 탐욕과 정치적으로 무능
했던 황실, 중국·프랑스 등 열강들의 침입과 수탈, 열대의 태풍과 홍수 등의
자연재해 등을 겹겹이 직면하면서 폭주열차처럼 쇠락해 갔다. 망국의 정점에
는 베트남 민중의 고혈을 짠 카이딘 황제가 있었다.

설레는 유적여행

베트남 하노이 탕롱황성

한국 봉화 충효당

베트남과 봉화군의 특별한 인연

현재 봉화군은 베트남과의 인연을 발판으로 베트남 타운 조성사업 추진에 온 힘을 쏟고 있다.

백 년 사직을 구할 계획을 가지고
유월에 갑옷을 입었네
나라를 위한 근심에
몸은 비록 헛되이 죽고 말지만
홀로 계신 어머니 못 잊어
혼백만 외로이 돌아가네
《이장발 장군》

설레는 유적여행

태풍 뒤

지루한 장마가 그치고, 불볕더위와 태풍이 휩쓸고 지나가면 언제 그랬냐는 듯 가을이 오겠습니다. 제아무리 강력한 태풍도 지나고 나면 햇살이 다시 비춘다는 건 잘 알고 있지요. 땅에선 폭풍우가 몰아쳐도 비구름을 뚫고 올라간 하늘에는 태양이 항상 빛나고 있겠습니다.

대학원 시절 히로시마에 가기 위해 생애 첫 비행기를 타고 하늘을 나는 날, 김해공항에 장마 같은 가을비가 내렸지요. 비행기가 먹구름을 뚫고 올라간 뒤, 구름바다 위에 파란 하늘과 강렬하게 빛나는 태양을 보고, 놀라움과 황홀함이 뇌리에 각인된 순간의 기억이 있겠습니다.

우리의 삶도 이와 별반 다르지 않겠는데, 거친 비바람과 눈보라도 그 위로 떠 있는 태양을 없애지 못한다는 강한 믿음이 있지요.

물론 보기 전엔 믿기 어렵겠지만, 삶은 갈고닦아서 깨우치는 것이 아니라 원래 그렇다는 사실을 아는 것이 참으로 중요하겠습니다.

어떻게 알지는 각자의 몫이지만, 질풍노도의 삶 속에서도 소소한 행복과 감동이 있음을 믿고 여정을 가는 것이 그 시작점이지요.

태풍을 무사히 잘 타고 넘으면 청명한 가을이 오겠습니다.

제 8 장

고려에서 근대까지 특별한 섬 강화도

특별한 섬 강화도

광성보

광성보는 강화도의 해안 경계 부대인 12진보 가운데 하나로 설치됐다. 화도돈대·오두돈대·광성돈대와 오두정포대를 관할했다. 이후 성을 고치면서 성문을 만들어 '안해루'라 하였다. 광성보는 1871년 신미양요 때 가장 치열한 격전지로 초지진과 덕진진을 거쳐 광성보에 이른 미군은 상륙전 포격으로 광성보를 초토화했다. 이미 병인양요 때 광성보에 근무한 바 있던 어재연 장군은 포격을 피할 안전한 장소에 군사들을 숨겼다가 상륙하는 미군에 맞서 물러서지 않고 분전했으나, 무기의 열세를 극복하지 못하고 패했다. 광성보에는 광성돈대, 어재연·어재순 형제의 충절을 기리는 쌍충비각, 이름을 알 수 없는 전사한 장병들을 모신 신미순의총과 손돌목돈대·용두돈대 등이 그날의 기억을 품고 있겠다.

광성보 안해루

광성돈대

광성보 3개 돈대 중 하나로, 숙종 때 조성했다. 포좌 4개소와 포 3문이 복원 설치되었고 대포는 '홍이포'라고 하며 사정거리 700m이다. 포알은 화약의 폭발하는 힘으로 날아가지만, 포알 자체는 폭발하지 않아 위력은 약했고, 병자호란 때도 사용한 기록이 있겠다. 소포는 사정거리 300m로서 포알은 대포와 같다. 대포는 조준이 안 되고 소포는 조준이 된다. 작은 것은 불량기라 하며 프랑스군이 쓰던 것이다.

용두돈대

용두돈대는 가장 아름다우면서 가장 치열했던 격전지이다. 강화 53돈대 중 하나로 고려 때부터 천연 요새로 중요시되었고, 숙종 때 세워졌다. 외세 침략 때 가장 치열했던 전투가 벌어진 강화도의 해상 방어시설이다. 급변하는 세계 질서 속에서 갈피를 잡지 못하고 헤매던 조선이 커다란 대가를 치른 곳으로, 역사를 모르는 민족은 필멸한다는 교훈을 남긴 중요한 유적이다.

강화도조약은 조선의 무능·무지가 초래한 불평등 조약이었다.

1876년 조선군의 훈련 장소에서 일본군에 의해 강압적인 강화도조약이 체결되어 침략의 씨앗이 뿌려진 곳이다. 강

연무당 옛터

화도조약은 조선이 외국과 맺은 최초의 근대 조약이었으나 일본에 일방적으로 유리한 불평등 조약이었다. 부산·인천·원산을 일본에 개항하고 치외법권을 인정하였다. 치욕적인 역사의 현장을 보존하여 민족의 자주 의식을 고취하고자 기념비를 세웠다.

용흥궁

어느 날 왕이 되어 지옥궁으로 들어간 19세 강화도 농사꾼

조선 철종이 왕위에 오르기 전에 살던 집으로 그가 즉위하자 강화유수 정기세가 건물을 지어서 '용흥궁'이라 했다. 철종은 정조의 동생 은언군의 서자

설레는 유적여행

인 전계대원군의 셋째 아들이다. 헌종 때 가족들이 강화도에 유배되어 농부로 살다가 헌종이 후사 없이 죽자 대비 순원왕후의 명으로 원범이 19세에 27대 왕으로 즉위하게 된다. 당시 영조의 혈손은 헌종과 원범(철종) 두 사람뿐이었다. 용흥궁은 살림집의 유형으로 지어져 소박하고 순수하다.

강화성당

거친 땅에 뿌리 내린 신앙과 동서양 예술의 앙상블

1896년 강화에서 처음으로 한국인이 세례를 받은 것을 계기로, 1900년에 대한성공회의 초대 주교인 찰스 존 코프가 건립하였다. 대한성공회에서 가장 오래된 역사를 지니며, 현존하는 한옥 성당 건물로서도 가장 오래된 것이다. 또한 한국인으로서는 첫 성공회 사제가 된 김희준 신부를 배출하였고, 당시 한글로 기록된 사제 서품장은 예배당 내에 보존되어 있다. 성당 내부는 로마의 바실리카 양식으로, 외관은 불교사찰의 형태를 따랐다. 성당은 입구계단·외삼문·내삼문·성당·사제관 등으로 이루어져 있겠다.

강화산성(서문)

첨화루

몽골 침략 30년을 버틴 강화도

강화읍에 있는 고려시대의 산성이다. 몽골의 침입으로 수난을 당하자, 당시 실권자인 최우는 1232년 강화도로 수도를 옮겨 축성했다. 성은 흙으로 쌓았고, 내성·중성·외성으로 이루어져 있었다. 특히 외성은 몽골군이 바다를 건너 공격하지 못하게 한 가장 중요한 방어시설이자, 정부가 육지로부터 물자를 지원받았던 곳이기도 했다. 고려 원종 때 개경으로 수도를 다시 옮기면서

설레는 유적여행

몽골과 강화조약의 조건으로 성을 모두 헐었다가 조선 전기에 강화성을 축소하여 다시 지었다. 그러나 병자호란 때 청군에 의해 다시 파괴당하였고, 숙종 때 성을 보수하면서 모두 돌로 쌓고 넓혀 지었다. 남문인 안파루·북문인 진송루·서문인 첨화루·동문인 망한루가 남아있고, 비밀통로인 암문 4개·수문이 2개 남아있다. 병인양요·신미양요와 일본 침략에 의한 강화조약을 체결하는 등 수많은 외세 침략의 역사가 담긴 현장이기도 하다.

삼랑(정족)산성

강화 정족산에 있는 산성으로 단군이 세 아들을 시켜 쌓았다고 하여 정족산성이라고도 부른다. 축성 시기는 적어도 13세기 정도로 추정하겠다.

둘레 약 2.3km인 성은 조선 후기에 여러 차례 성벽과 문루를 고쳐 쌓은 기록이 있다. 병인양요 당시 양헌수가 이끄는 조선군이 프랑스군과의 전투에서 승전을 거둔 역사적 현장이기도 하다.

강화 교동 대룡시장

　6·25 때 황해도에서 교동도로 피난 온 주민들이 분단되어 고향으로 돌아갈 수 없게 되자 생계유지를 위해 고향의 연백시장을 재현하여 조성한 골목시장이다. 50여 년간 교동도 경제발전의 중심지였으며 지금은 시장을 만든 실향민 대부분이 세상을 떠나고 인구가 줄어들면서 규모도 줄었다. 그러나 2014년 교동대교 개통과 함께 60년대 영화세트장 같은 모습의 시장을 체험하기 위한 관광객들이 많이 찾는 곳이 되었다.

설레는 유적여행

잘 허무는 사람

우리가 서로 다르다는 것을 잘 알고 있고, 다름을 대하는 방식도 사람마다 다르겠습니다. 소통이나 협력을 통해 포용하려는 사람들도 있고, 자신의 힘을 이용해서 통제하려는 사람들도 있지요.

"나는 왜 나이고 너는 왜 너인가?"

각자 다른 환경에서 데워지고 굳어졌기에 우리는 다를 수밖에 없겠습니다. 찰진 흙도 빚어서 구워내면 단단한 도자기로 다양한 모양을 뽐내지만, 한번 구워지면 유연한 흙으로 돌아갈 수 없는 이치지요.

각자 굳어진 습관대로 멈춰버리고, 그것이 운명이 되겠습니다.

파도가 다시 물로 돌아가기 위해서 포말로 부서지듯, 오랜 시간이 걸리겠지만 찰진 흙으로 돌아가는 위해서는 일단 깨지는 수밖에 없지요. 고려청자·조선백자·웅장하게 밀려오는 동해의 파도는 모두 아름답고 장엄하겠습니다. 하지만 그 아름다움은 일정한 방향이 없고, 어디에든 구속되지 않는 자유로운 흙이나 물일 때만 연출될 수 있는 모습이지요.

살면서 이런 자연의 이치와 지혜를 알 수만 있다면 유익한 점이 많겠습니다. 도자기는 깨지는 수밖에 없지만, 마음은 모래성과 같아서 지었다가 허무는 것에 아무런 장애가 없는 좋은 장점이 있지요.

오히려 잘 허물어서 나와 세상을 이롭게 할 수도 있겠습니다.

물론 잘 만드는 사람도 좋지만, 잘 허무는 사람이 되어보는 것도 좋은 지혜이지요. 이래도 좋고 저래도 좋은 우리의 삶이 되겠습니다.

강화도 정족산 전등사

 한국 사찰 중 가장 오랜 역사를 가졌으며, 부처님의 가피로 나라를 지킨 호국불교 근본도량으로 역사와 권위를 간직한 사찰이다. 고구려 소수림왕 때 아도화상이 창건했다. 그때의 이름은 '진종사'라 하였고, 이후 고려 충렬왕 때 왕비인 정화 공주가 진종사에 경전과 옥등을 시주한 것을 계기로 전등사라 이름하였다. 광해군 때 화재로 소실되었다가 지경 스님을 중심으로 재건하여 1621년에 옛 모습을 되찾았다. 특히 전등사에는 조선왕조실록을 보관했던 정족 사고가 있고, 호국불교의 진원지임을 증명하는 양헌수 승전비가 있다.

 병인양요 때 전등사에 쳐들어온 프랑스군을 물리치고 나라를 구한 양헌수 장군의 공적을 기념하기 위해 고종 때 건립한 것이다.

대조루

대웅보전과 나부상

　대웅전에는 목조석가여래삼불좌상이 있고 위에 극락조와 용등을 장식한 닫집이 화려하다. 건물 귀퉁이의 '나부상'이 유명한데, 광해군 때 전각을 재건축하던 목수가 절 아래 주막의 주모와 눈이 맞아 돈을 맡겨두었으나 주모가 돈을 들고 튀었고, 이에 목수가 "주모는 영원히 무거운 대웅전 지붕을 떠받치면서 속죄하라, 다른 사람들은 이를 보고 여색을 경계하라"는 뜻에서 만들어 넣었다는 등의 전설이 전해진다. 웃고 우는 표정이 있고 그중 하나는 두 손이 아닌 한 손만 들고 있으면서 눈이 파랗게 칠했음이 특이하다.

약사전과 현왕탱

중생의 병을 고쳐준다는 약사여래를 모시고
있는 법당이다. 건축 수법이 대웅보전과 비슷
하여 조선 중기 건물로 추정된다. 화려한 조각
기법과 목조 건축 양식을 연구하는 데 귀중하
고 가치 있는 건물이다.

무설전

'설법이 없는 큰 집'이라는 의미를 담은 건물이다. 전등사 무설전은 벽화
와 불상 및 공간 디자인을 현대적으로 해석한 법당이며, 복합문화공간이라
고 하겠다. 2012년 개관한 무설전은 21세기 시대정신이 담긴 불사를 통하
여, 종교와 예술의 공생을 보여주는 아름다운 현대식 법당이다.

전등사 은행나무 전설

철종 때 은행 스무 가마를 바치라는 관리의 무리한 요구가 내려왔다. 전등사 나무는 열 가마 정도만 맺었기에 불가능한 일이었고, 노스님은 백련사의 도력 높은 추송 스님에게 도움을 요청했다. 추송 스님은 전등사에서 기도를 올렸고, 기도는 주변에 큰 소문을 일으켰다. 기도가 끝나는 날, 관리들의 눈이 갑자기 부어올랐고, 스님은 "이제 이 나무는 더 이상 열매를 맺지 않을 것"이라 단언했다. 갑작스러운 폭우와 함께 세 명의 스님이 자취를 감췄고, 사람들은 이를 보살의 화신이라 믿게 되었다. 그 후로 전등사의 은행나무는 열매를 맺지 않았다.

빈 공간

강 위에 통나무배가 잔잔히 흘러가다가
폭포를 만나서 떨어지면 산산조각이 나겠습니다.

그러나 배를 띄우고 나른 폭포수는 포말로 부서졌다 해도,
아무 일 없었다는 듯 유유히 흘러 바다로 가지요.

우리는 바위나 쇠처럼 강하고 단단해져야
안전할 것이라고 생각하며 살겠습니다.

그러나 물이나 허공처럼,
흐르고 비워져서 좋아지는 것에 대하여는 잘 그려내지 못하지요.

좋은 시작이란 어지러운 마음의 방을 깨끗이 청소해서
빈 공간을 만드는 일이 되겠습니다.

비어 있음의 높은 가성비에 눈을 뜨면
이전보다 좋은 일이 많이 생겨나게 되지요.

단 하나 소원을 이루어 준다는 신비한 천년고찰

강화도 낙가산 보문사

　강화 석모도 낙가산에 있는 보문사는 신라 선덕여왕 때 회정대사가 금강산에서 수행하던 중 관세음보살을 친견하고 강화도로 내려와 창건하였다고 전해진다. 관세음보살이 상주한다는 산의 이름을 따서 낙가산이라고 하고, 관세음보살의 원력이 광대무변함을 상징하며 보문사라 이름을 지었다. 우리나라에서 관세음보살이 상주한다고 알려진 관음성지인, 양양 낙산사·남해 금산 보리암과 함께 3대 해상 관음기도 도량이다.

대웅보전

오백나한전

오백나한전에는 각양각색 표정의 500 나한상이 조성되어 있는데 '나한'은 최고의 깨달음을 얻은 성자를 가리키는 말이다. 입시 철이면 전국적으로 부모들이 찾는 소원 명당이라고 하겠다.

보문사 석실

신라 선덕여왕 때 회정대사가 건립하고, 조선 순조 때 고쳐서 지은 석굴 사원으로, 나한상을 모시는 나한전의 구실을 한다. 천연동굴을 이용하여 입구에 무지개 모양을 한 3개의 문을 만들고, 그 안에 불상을 모시는 방을 마련하여 석가모니불을 비롯한 미륵보살과 나한상 등을 모셔둔 곳이다. 이들 석불에는 신라 때 어떤 어부가 그물에 걸린 돌덩어리를 꿈에서 본 대로 모셨다가 큰 부자가 되었다는 전설이 있겠다.

와불전

너비 13m·높이 2m의 와불은 열반하는 부처를 형상화했다. 손 모양·옷·주름 등이 섬세하게 조각된 와불상은 대웅전 왼편에 있던 큰 바위를 깎아 새긴 부처님이다. 보문사 창건 당시 인도의 한 큰스님이 불상을 모시고 와 법회를 연 장소로, '천명은 능히 앉을 수 있다.'라는 뜻에서 '천인대'란 이름이 붙여졌다. 1980년대에 조성을 시작해 2009년에 완성한 불상이라고 하겠다.

낙가산 중턱 눈썹바위 아래 있는 마애관세음보살은 서해를 바라보며 중생들을 살펴주고 있다고 하여 많은 불자들이 찾고 있다. 머리에 보관을 쓰고 두 손을 모아 정병을 받쳐 든 채 앉아 있는 모습이다. 턱까지 내려온 긴 귀와 두툼한 코에선 자비가 넘친다. 덮개돌 같은 바위는 사람의 눈썹처럼 생겼다

마애석불좌상

해서 '눈썹바위'란 이름이 붙었다.

마음을 낸다는 것

훌륭한 말은 함께 달리는 말에 가해지는 채찍 소리만 들어도 냉큼 달리겠습니다. 지혜로운 사람은 바람결에 봄을 느끼고, 변색된 잎에서도 가을을 느끼지요.

하지만, 우리의 삶은 가던 길이 막혀서야 비로소 다른 방법을 생각하겠습니다. 평생 걸어온 길이 세상의 전부라고 생각하던 사람들은 막다른 길에서 마음까지도 죽어 버리기 십상이지요.

어떤 사람들은 다른 길에서 다른 방법으로 가능성을 찾아 나서기도 하는데, 깨달음의 지혜를 얻기 위해 마음을 내는 것이 되겠습니다. 그것은 마음을 낸다는 것과 마음을 뽑아 버린다는 뜻이 있지요.

미련이 남아있는 사랑에는 또 다른 사랑이 들어올 자리가 없듯이, 내가 그 문을 닫지 않고서는 다른 문은 열리지 않는다는 의미가 되겠습니다.

삶이 막막할 때 '상심하느냐, 발심하느냐?'
각자의 선택이 남지요.

연산군 유적

강화도 교동 연산군 유배지

조선 제10대 임금인 연산군(이융)은 성종과 계비 윤씨의 장남으로 태어났고, 단종 이후에 오랜만에 태어난 적장자 왕이었다. 부왕인 성종이 세상을 떠나자 19세의 나이로 왕위에 오르게 되고, 재임 초기에는 선정의 정치를 펼쳤지만, 선정은 오래가지 않았다. 실록을 편찬하는 과정에서 성종 때 김종직이 세조가 조카 단종의 왕위를 찬탈한 것으로 비유하여 지은 글, 『조의제문』이 발견되면서 '무오사화'라는 참극을 불러오게 된다. 훈구파가 사림파를 제거하기 위한 권력투쟁의 참극이었다. 뿐만 아니라, 연산군이 친어머니 폐비 윤씨의 죽음을 알게 되면서 관련자들을 대규모로 숙청한 또한 번의 피바람이 '갑자사화'이다. 폐비 윤씨는 성종 후궁들의 모함으로 사약을 받아 죽게 되는데, 이 사실을 몰랐던 연산군은 임사홍의 밀고로 사건을 알게 되면서, 궁궐에 피바람을 불게 한 참극이다. 사건에 직접 연루된 자들과 죽은 자들까지 부관참시했고, 그들의 자녀와 가족·동족까지 연좌제식으로 가혹하게 처벌했다. 갑자사화 때 참형한 사람만 122명이었다는 기록이 있겠다.

'위리안치' 된 연산군

　극에 달한 폭정으로 말미암아 중종반정이 일어나면서 폐위된 연산군은 강화에 유배되어 그곳에서 죽음을 맞았다. '위리안치'는 중죄인에 대한 유배형 중의 하나로 죄인을 유배된 집에서 달아나지 못하게 집 둘레에 가시가 많은 탱자나무를 돌리고, 그 안에 사람을 가두어 놓는 것을 말한다.

설레는 유적여행

서울 방학동 연산군묘

연산군과 왕비 거창군부인 신씨의 묘로 왕릉보다는 간소하나 조선 전기 능묘석물의 조형이 잘 남아있다. 연산군은 성종의 큰아들로 태어났고, 어머니는 폐비 윤씨이다. 1494년 왕위에 올랐으나 1506년 왕직을 박탈당하고 강화로 유배되었다가 그해에 죽었다. 훗날 부인 신씨가 연산군 무덤을 강화에서 현재의 이곳으로 옮겨 달라 청하여 옮겼고, 부인 신씨와 더불어 딸과 사위의 무덤도 아래쪽에 함께 조성되어 있다. 연산군은 지위가 군으로 강봉되었기에 '릉'이 아닌 '묘'라 부르겠다.

연산군(왼)과 거창군부인 신씨묘

연산군 딸 · 사위 · 태종의 후궁묘

파주 삼릉 회묘

　파주 삼릉에 있는 연산군의 어머니 폐비 윤씨의 묘(회묘)로 자신의 시기와 과욕 때문에 꽃을 피우지 못한 왕비라고 하겠다. 성종의 후궁이었던 윤씨는 성종의 총애를 받아 왕비가 되었고, 연산군을 낳았다. 그러나 후궁들을 시기하고, 남편과도 사이가 안 좋아 성종의 얼굴에 손톱자국을 내는 사건 등의 큰 문제를 일으킨다. 평소 중전 윤씨를 못마땅하게 여기던 인수대비 등과 대신들은 성종을 압박해 윤씨를 폐위시키고 사약을 내린다. 폐비 윤씨는 사약을 마시고 피를 토하며 죽었는데, 자신의 어머니에게 원자인 연산군이 왕이 되면 전해달라고 피를 토한 손수건을 남겼다. 이 수건이 훗날 '갑자사화'라는 권력투쟁의 참극을 낳았고, 아들 연산군 또한 국정을 농단하고 처참한 최후를 맞게 된다. 이 얼마나 어리석고 슬픈 우리의 역사인가!

파주 삼릉 회묘

화가 난다는 감정

근심 걱정은 비교적 잘 보이는 것이어서 본인이 알고 있는 경우가 많겠습니다. "이러다 굶어 죽지나 않겠나?"

결국, '화'도 살기 위해서 생기는 감정이지만 양상은 조금 다르지요. 지금 상황을 받아들일 수 없다는 생각은 화가 나는 순간에 들겠습니다. 더 나아가 "그걸 왜 받아들일 수 없나?"에 대한 이유를 화를 낸 후에도 알지 못하는 경우가 많지요.

하지만 화가 난 순간이 오히려 좋은 기회일 수도 있겠는데, 자신이 정해놓은 삶의 기준들이 화를 계기로 잘 드러나기 때문이겠습니다. 기준들은 다양하겠지만 대부분은 자신이 상처받는다는 느낌이 화가 나는 이유이지요.

그것을 알아차리고도 표현이 잘 안될 때가 많은데, 화는 상처의 다른 이름이기 때문이겠습니다. 나를 좀 더 잘 봐달라는 의미지만, 자존심 때문에 적당히 표현하기가 어렵지요.

"그걸 어찌 말로 하나. 네가 알아서 나를 좀 더 생각해 줘야지!"

이런 생각들이 앞서기 때문이겠습니다. 그러나 이런 외침보다는 사랑스러워지는 것에 힘을 쏟는 것이 지혜이지요.

무엇보다 좋은 것은 상처받거나 사랑을 갈망하는 것조차도 내려놓고, 허공처럼 희미해지는 것이 되겠습니다.

이게 된다면 이전과는 전혀 다른 삶의 가능성이 열릴 수 있지요.

제 9 장

불멸의 역사

해상왕 장보고의 완도 청해진

신라 흥덕왕 때 장보고가 설치한 해군기지이자 무역기지로, 완도 앞바다 장도에 있다. 장보고는 해적을 소탕하고 해상권을 장악하여 신라·일본·당나라 3국의 해상교역에서 신라가 주도권을 잡는 데 큰 공을 세웠다. 주변 바다의 얕은 수심을 이용하여 목책을 박아 적을 방어한 흔적이 남아있다. 성터에서는 토기·기와 조각, 인근에는 장보고가 지었다는 절터가 남아있겠다.

완도 청해진

　　장보고는 평민 출신으로 당나라에 건너가 장군이 되었으나, 해적들이 신라 사람들을 노예로 삼는 것에 분개하여 신라로 돌아와 왕의 허락으로 청해진을 설치하였다. 청해진은 국제무역의 중심지로 크게 성장하게 되지만, 권력다툼으로 자객 염장에게 암살되고, 배신자 염장이 장악한 청해진은 23년 만에 해상왕과 함께 역사 속으로 사라진다. 이후 신라도 국운이 점점 기울어 갔다. 청해진은 신라 후기 장보고가 서남해안의 해적을 소탕하고, 중국과 일본을 연결한 해상 교역로의 본거지로서 중요한 국제무역센터였다.

얼굴 나이테

우리 개개인은 소우주가 되겠습니다.

머리도 또 다른 소우주라고 할 수 있고,
얼굴은 보이는 소우주라고 할 수 있지요.

세월은 그 얼굴에 주름과 표정을 조각하겠습니다.
새겨 넣는 내가 살면서 만들어 낸 소우주의 모습이지요.

팽팽한 얼굴은 아직 젊거나 인위적인 얼굴이 되는 것이고,
주름진 얼굴에는 이런저런 이야기를 담고 있겠습니다.

환경의 변화에 따라 다르게 나타나는 나무의 나이테처럼,
나이가 지긋해지니 어느덧 친숙하고 애틋한 느낌마저 드는
거울에 비친 내 얼굴의 동심원이지요.

"내가 나이를 먹어가고 있나?"

삼별초의 진도 용장성

용장성은 고려시대 삼별초가 진도를 근거지로 관군과 몽고군에 항전했던 성이다. 고려 원종 때 몽고군의 침입을 받아 치욕적인 강화조약을 맺고 개경으로 환도하게 된다. 이에 반대한 삼별초군은 원종의 육촌인 왕온을 왕으로 추대하고 진도로 내려와 항거했다. 용장성은 고려의 장군 배중손이 이끈 삼별초군이 대몽항쟁의 근거지로 삼은 성이다. 성은 진도 북쪽 해안의 산 능선에 있으며 북쪽 해안에는 진도 해안의 관문과 이어지는 길목이기도 하다. 천여 척의 배로 인력과 물자를 싣고 와서 용장성에 터를 잡은 후 산성을 개축하여, 성안의 용장사를 궁궐로 삼아 전각을 짓고 왕을 황제로 추대하였다. 하지만 오래 버티지 못하고, 관군과 몽골의 진압군에 크게 패하며 배중손과 왕온은 사망하게 된다. 남은 삼별초군은 제주도로 옮겨 항전을 이어갔으나 이 역시 제압됨으로써 4년의 치열했던 항쟁은 끝을 맺는다.

　용장성은 20여 채 이상의 건물이 치밀하게 배치되어 세밀한 계획하에 궁궐이 조성되었다고 추정된다. 현재는 성터만 부분적으로 남아있고 성내의 용장사지 및 행궁터가 보존되고 있다. 삼별초는 고려 최씨 무신정권의 친위부대이며 경호부대였다. 몽고 침략에 대한 고려의 정통성을 지키고자 한 '구국의 항쟁이냐?' 자신들의 기득권 사수를 위한 '반란이냐?' 여러 논쟁이 있지만, 고려 무신 권력의 사수를 위한 반란군이든, 외세에 저항한 항쟁이든, 그들의 치열했던 흔적은 오늘을 사는 우리에게 명과 암을 남겼다.

너나 나나

지위가 높든 낮든, 재산이 많든 적든, 이유를 막론하고
모든 아버지의 얘기는 특별히 다르지 않겠습니다.

"힘들지. 그래도 꿈을 포기하지 말고 열심히 살아야 한다!"

모든 어머니 역시 마찬가지.

"밥은 먹고 다니나. 바깥에 춥다. 단단히 하고 다녀라!"

삶은 사람마다 주어진 환경에 따라 다르지만,
또 특별히 다르지도 않지요.
본래 인간의 조건은 같기 때문이겠습니다.

너나 나나.

경남 진주는 삼국시대 백제의 땅으로 신라와 최전선에 위치하여 전략적 요충지로서 치열한 접전이 일어났던 곳이다. 삼국이 통일된 후에도 중요한 거점이었고, 고려시대에는 남해안에 출몰하는 왜구를 소탕하기 위한 기지로서 역할을 했다. 조선시대에도 경상도와 호남을 연결하는 중요한 요충지였다.

진주성은 임진왜란 때 김시민 장군이 성채를 보강하여 침략에 대비하였다. 왜군 약 2만 5천 명이 공격해 왔지만, 김시민 장군에게 대패하여 임란

3대첩 중의 하나가 된 역사적 장소이다. 왜군이 약 10만의 대군을 이끌고 다시 쳐들어온 2차 전투에서는 군관민 6만이 끝까지 항쟁하였으나 장렬한 최후를 맞이했다. 이때 왜군도 막대한 피해를 입어 호남으로 진격할 여력을 상실하게 된다. 논개가 적장을 안고 남강에 투신한 슬픈 충절의 일화가 유명하겠다.

촉석루

　　남강 벼랑 위에 장엄하게 솟은 촉석루는 영남 제일의 누각임을 자랑한다. 고려 말에 창건된 누각으로 진주성의 지휘소가 되겠다. 임진왜란 때는 총지휘는 물론 남쪽 지휘대로 사용하며 남장대라고도 하였고, 평화로울 때는 시험장으로 사용되기도 하였다. 기록에 따르면 밀양 영남루를 중건할 때 촉석루를 본보기로 할 정도로 역사적으로 가치 있는 누각이다.

의암

 촉석루 아래 남강 물속에 있는 바위로서 임진왜란 전에는 위험한 바위라 하여 '위암'이라고도 불렀다. 논개가 이 바위에서 왜장을 껴안고 투신한 후 '의리를 세운 바위'라는 의미를 담아 '의암'이라고 하겠다. 오랜 세월 눈에 띄지 않을 정도로 조금씩 움직여 암벽 쪽으로 다가섰다가, 강 쪽으로 움직인다는 이야기가 있고, 진주 8경 중 2경이다.

거룩한 분노는 종교보다도 깊고 불붙는 정열은 사랑보다도 강하다
아, 강낭콩꽃보다도 더 푸른 그 물결 위에
양귀비꽃보다도 더 붉은 그 마음 흘러라.
《변영로》

설레는 유적여행

빈둥지 증후군

이곳저곳에서 2세들의 결혼 소식이 날아들겠습니다.

자녀들이 성장해서 독립하면 생활공간이 달라지니,
함께 밥 한 끼 먹는 것도 소중하고 어쩌면 애틋하게 느껴지지요.

"말로만 들었던 빈둥지 증후군 같은 것은 아닐까?"

세월이 흘러서 자식을 키우느라 수고한 것보다, 조금이나마 나누어 줄
수 있어서 행복한 것이 훨씬 크다는 것을 알겠습니다.

어떤 사람들은 자식 사랑의 완성이 날려 보내는 것이라고도 하지요. 나
뭇가지에 의지하지 않고 자신의 날개를 펼쳐서 날 수 있게 되었다면 그 자
체로 완벽한 것이 되겠습니다.

역설적으로 빈 둥지는 비었기 때문에
이제 완전한 둥지가 될 수 있지요.

쉬고, 충전하고, 본래의 고향 같은, 무엇이든 될 수 있겠습니다.

조선 최고의 해군
충무공 이순신

이순신은 1545년 명종 때 서울 건천동(인현동)에서 출생했다. 본가는 충남 아산이나, 어린 시절은 건천동 생가에서 자랐다. 문학에서도 뛰어났으며, 정의와 용감성을 겸비하였고, 인자한 성품이었다. 28세 때 무인 시험 중 말에서 떨어져 실격의 불운을 맞았지만, 4년 뒤인 1576년에 병과에 급제하여 '권지훈련원봉사'로 관직에 나가서 정읍현감·진도군수·전라좌도 수군절도사 등을 지냈다. 수군절도사 시절, 왜의 침략에 대비해 전함을 제조하고 군비를 확충했다. 임진왜란이 발발하자 옥포·노량·당항포 등에서 연승했다. 한산도·부산포 등에서도 왜군을 격파하고 삼도수군통제사가 되었지만, 조정의 모함으로 백의종군했다. 정유재란 때 원균이 대패하자 복귀하여 수군을 재정비하고 노량해전에서 적선을 추격하다 유탄을 맞고 최후를 맞이했다.

설레는 유적여행

통영 삼도수군통제영

삼도수군통제영은 조선시대 경상·전라·충청의 삼도 수군을 지휘하던 본영이다. 임진왜란 때 이순신 장군 초대 통제사로 있었던 한산도 진영이 최초의 통제영이었고, 통영의 삼도수군통제영은 6대 통제사인 이경준 통제사 때 창건된 곳이다. 통제영의 중심 건물로는 조선시대 가장 큰 목조 건물 중하나인 세병관(국보)과 최대 규모를 자랑하는 통영 12 공방 등이 있겠다.

망일루

망일루는 '해를 바라본다.'라는 의미로 해는 임금을 상징한다. 세병문이라고도 하며, 세병관의 입구이면서 통행금지와 해제를 알리는 커다란 종이 있어 종루라고도 한다. 통제영은 임진왜란이 발발한 선조 때 삼도수군통제사 직제를 새로 만들어 당시 전라좌수사였던 이순신에게 이를 겸임케 한 것에서 비롯되었다. 통제사의 본영을 삼도수군통제영 또는 '통영'이라 하겠다.

세병관(국보)

　세병관은 전쟁을 치른 병사들이 전쟁을 반대하고 '무기가 필요 없는 평화로운 세상을 기원한다.'라는 의미를 담고 있다. 삼도수군통제영의 중심 건물로 선조 때 창건하였고, 몇 안 되는 남해 지방에 남아있는 조선의 관아 건물이기도

하겠다. 세병관은 삼도수군통제영이 건설됐던 당시의 건물로는 지금까지 유일하게 남아있는 건물이며 현존하는 옛 목조 건축물 중 가장 규모가 큰 편이고, 잘 보존되어 있는 유적 건축물이다.

운주당

　인조 때 이완 통제사가 건립한 전각이다. 운주는 '군막 속에서 전략을 세운다.'라는 의미로 통제사가 통제영 군무를 보는 집무실이다.

설레는 유적여행

백화당

선조 때 이경준 통제사가
건립하였다. 사신 등의 손
님들을 맞이하는 통제사의
접견실이자 장관과 사신을
수행하던 무관인 비장이
머물던 곳이 되겠다.

동포루

"이순신은 어린 시절 얼굴 모양이 뛰어나고 기풍이 있었으며 남에게 구속을 받
으려 하지 않았다. 아이들과 모여 놀라치면 나무를 깎아 화살을 만들고 그것을
가지고 동리에서 전쟁놀이를 하였으며, 자기 뜻에 맞지 않는 자가 있으면 그 눈
을 쏘려고 하여 어른들도 꺼려 감히 이순신의 문 앞을 지나려 하지 않았다. 또
자라면서 활을 잘 쏘았으며 무과에 급제하여 발신하려 하였고, 말 타고 활쏘기
를 좋아하였으며 더욱이 글씨를 잘 썼다."

류성룡 『징비록』

명량대첩과 진도 울돌목

전쟁을 중단하자는 협상 도중에 일본이 다시 조선을 공격한 정유재란이 일어났다. 당시 이순신은 일반 병사의 신분이었지만 원균이 전투에서 크게 패하면서 조선은 이순신을 다시 수군 총지휘관으로 임명하게 된다. 하지만 당시 수군 전력이 13:133척으로 일본이 조선을 압도했다. 지휘관이 되자마자 적의 상황을 살펴본 이순신은 명량의 좁은 물길과 조류를 이용하면 유리할 것이라 판단하고 수군의 근거지를 명량 근처로 옮겼다. 명량은 진도와 육지 사이의 좁은 바다로, 거친 물살 때문에 '울돌목'이라고도 부르는 곳이다.

진도 울돌목

1597년 9월 16일, 일본 수군이 명량으로 들어오자 이순신은 좁은 물길을 지나가려는 일본 수군을 공격했다. 일본 수군은 좁고 거친 물살에 갇힌 채 조선 수군의 맹렬한 공격을 받아, 큰 손실을 입고 물러나게 된다. 명량해전의 승리로 조선은 전쟁 판세를 유리하게 이끌 수 있었다.

설레는 유적여행

판옥선

판옥선은 조선 수군의 대표적인 주력 군함으로 당시는 '전선'이라 불렀다. 선저가 평평하고 흘수선이 낮아 선회가 빠른 장점이 있었다. 그러나 전투 시 여러 척이 엉킨 혼전에서는 유용했지만 빠르게 암초와 파도를 가로질러 큰 바다로 나아가기에는 미흡한 단점도 있었다.

진도 벽파정

진도 동북쪽, 바다가 보이는 바위 언덕 위에 자리하고 있는 정자로 이충무공 전첩비와 함께 있다. 특히 이곳은 명량대첩의 울돌목과 연결되고 예부터 해상 무역 요충지이면서 이곳을 찾는 관리와 사신을 영송하고 위로하던 장소였다. 펼쳐진 풍광이 아름다워 많은 문인과 관료들이 시구를 남긴 명소이기도 하다. 또한, 정유재란 때 이충무공을 도운 향민들이 있던 곳이다.

노량해전과 관음포

　정유재란으로 조선을 침략한 왜군은 도요토미 히데요시의 사망 소식을 듣고 철군한다. 이때 이순신은 명나라 제독 진린과 함께 퇴로를 막기로 했으나 왜군에게 뇌물을 받은 진린은 왜군의 퇴로를 차단하지 말자고 권고한다. 하지만 이순신은 이를 반대하고 진린을 설득한 후 왜군을 치기로 하겠다. 왜군은 전함 500여 척을 노량에 집결시켰고, 조선 해군은 노량 앞바다에서 적함 50여 척을 격파하고 200여 명을 죽였다. 이때 왜군은 이순신을 포위하려 하였으나 진린의 협공을 받아 관음포로 후퇴한다. 이순신은 적선의 퇴로를 막고 공격하여 적함을 격파하고, 남해로 도망치는 왜군을 필사적으로 추격하면서 적의 유탄에 맞아, 조국을 위한 치열했던 삶의 여정을 마쳤다.

관음포

관음루

설레는 유적여행

노량해전은 1598년 11월 19일 노량 앞바다에서 이순신이 이끄는 조선 수군이 일본 수군과 벌인 마지막 해전이다. 이 해전을 마지막으로 7년간 계속되었던 조선과 일본의 전쟁은 끝났고, 이순신도 이때 적의 유탄에 맞아 생을 마쳤다. 이순신은 죽는 순간까지 자기의 죽음을 알리지 말고 추격을 계속하여 적을 격파하라고 유언을 남겼다. 조선군은 왜군을 격파한 후에 이순신의 전사 소식을 들었다. 이 승리는 조선과 일본의 7년간 전쟁을 끝내는 데 중요한 역할을 했고, 이순신과 조선군은 위대한 불멸의 해군이 되었다.

병서 육도 3장도 못 읽고 반백이 되었고
위태로운 때를 만나도 충성할 길이 없네
지난날 갓 쓰고 글만 읽던 내가
이제사 큰 칼을 들고 싸움을 하는구나
저잣거리엔 저녁이면 사람들이 울고 있고
새벽녘 진중의 호각소리 객의 수심 자아낸다
개선하는 그날이 오면 높은 곳으로 급히 올라
기꺼이 승전보를 전하고 이름을 돌에 새겨 넣으리라.
《이순신》

침묵의 소리

청춘은 상상으로 살고,
나이 들면 추억으로 살겠습니다.

사람의 마음은 일정 부분이 비어 있어서
상상으로든 추억으로든 빈 곳을 채워야 하지요.

이런 빈 곳에 바람이 불어오면
사람마다 다른 소리를 내겠습니다.

그것이 고통스러운 비명일 수도 있고,
산만한 소음일 수도 있지만,
아름다운 음악일 수도, 평안한 침묵의 소리일 수도 있지요.

그것이 저마다의 삶이 되지요.

마음속 텅 빈 공간을 벗어난 바람이
세상을 온통 아름다운 노래로 만들면 좋겠습니다.

포용

나무는 폭풍 앞에서
자신의 뿌리가 얼마나 깊은지 보여주겠습니다.
바람이 불면 풀은 자신이 얼마나 유연한지 보여주지요.

감동적인 장면은
바위틈에 뿌리 내린 소나무가 되겠습니다.

큰 나무처럼 땅을 움켜쥐고 있지도 못하고
풀처럼 줄기가 유연하지도 않으면서
온갖 비바람과 풍상을 견뎌내는 것이지요.

찬찬히 살피면 실핏줄 같은 잔뿌리가
온몸으로 바위 틈새를 껴안고 있겠습니다.
덕분에 우리는 물·바위·소나무가 그려내는
최고의 걸작품을 선물처럼 받지요.

내어 주면 자유로워지고
이기면 승리자가 되지만
껴안으면 세상이 온통 아름다워지겠습니다.

제 10 장

민초들이 이룬 평등의 역사

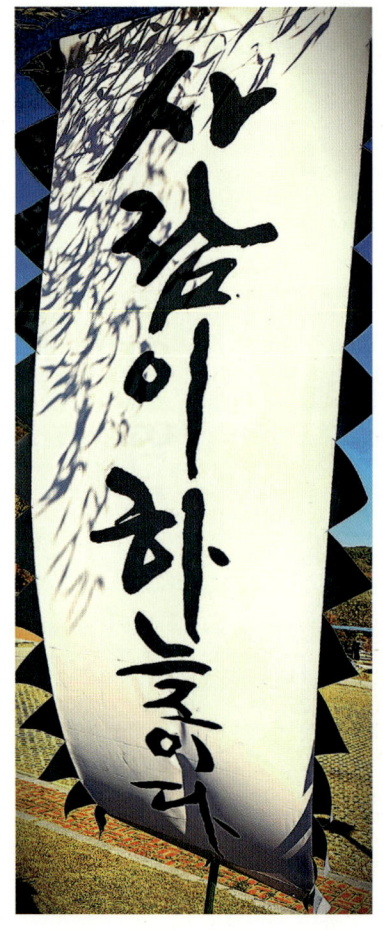

전북 정읍 만석보터

　동학은 봉건사회·서학·왜구를 반대하고 '사람이 곧 하늘이다!'라는 평등사상을 내세워 1860년 최제우가 창시했다. 그러나 세상을 어지럽힌다는 죄목으로 교주 최제우가 처형되고, 2대 교주 최시형에 의해 널리 알려졌다. 민초들에 대한 탄압 중지를 요구하는 농민들의 운동이 계속되는 가운데, 고부 군수 조병갑에 의한 세금폭탄·재물갈취·폭력·형벌 등의 횡포가 날이 갈수록 극심했다. 이때 전봉준의 부친이 부당한 세금에 대한 면세를 요구하지만, 조병갑은 심한 매질로 그를 죽인다. 이에 전봉준은 군수 등에게 여러 번 탄원서를 제출하지만 아무런 답이 없자, 고부 군민들이 나서 무력으로 저항하면서 동학농민운동이 시작되겠다. 1894년 1월 전봉준을 중심으로 전라도와 충청도 일대 농민들이 고부 민란을 일으켜서 조병갑의 횡포를 고한다. 이후 조정으로부터 시정을 약속받으면서 '전주화약'을 성립시키고 10여 일 만에 해산했지만, 오히려 역적죄로 몰리면서 1차 봉기는 실패하게 된다.

만석보터 유지비

수탈의 땅 정읍 만석보

정읍 황토현 전적지

2차로 봉기한 동
학농민군이 관군을
크게 물리친 전승지
황토현이다. 1894년
4월 초, 관군이 농
민군을 쫓아 나서자
농민군들은 이를 유
인하여 4월 6일 밤

황토현 전적기념비

부터 7일 새벽까지 치열한 전투를 벌여 큰 승리를 거두었다. 이를 계기로 고
부관아·흥덕·고창·무장을 점령하였으며, 경상·충청지방으로까지 농민혁명
의 불길이 번져가게 된다. 이 운동에서 보여준 개혁정신·민족자주정신은 민
족독립운동의 전개에 커다란 영향을 끼치게 된다. 이곳 황토현 마루턱에는
동학혁명기념탑과 황토현 전적지 기념관이 조성되어 있다.

동학농민기념공원 '울림의 기둥'

전봉준 장군·동학농민군 상과 불멸·바람길은 가슴이 뛰는 장관이다. 녹
두장군을 필두로, 1차·2차 봉기, 600여 조형물 하나하나가 시대를 넘어 우
리의 가슴으로 걸어 들어오는 숨 막힘이다. 불멸한 동학농민군은 지금도
살아서 오늘의 우리를 직시하고 있겠다.

설레는 유적여행

동학농민운동은 민초들의 위대한 혁명이었다

공주 우금티 전적지

동학농민운동은 1차·2차·3차 봉기로 이어지면서 농민들 외에도 사대부들과 승려들까지 연대했고 대원군이 이를 이용하면서 정치 문제로까지 휘말린다. 일부 동학농민군이 쇄국정책을 추진하고 있던 대원군과 내통한다는 사실을 고종과 명성왕후가 알게 되면서 일본에 출병을 요청한다. 결국, 동학군은 일본군의 신식 무기에 고전하다가 한양으로 진출하기 위한 교두보인 공주 우금티 전투에서 패하고 미완의 혁명으로 남게 되었다.

우금티 전적 알림터

위령탑

고창 전봉준 생가터 · 정읍 전봉준 고택

1895년 전봉준이 교수형에 처해짐으로써 부정부패와 권력자들의 횡포로부터 평등한 세상을 꿈꿨던 동학농민운동은 실패로 끝나게 되었다. 전봉준이 태어났던 초라한 생가터와 어지러운 세상에서 치열하게 살았던 고택에서, 자유롭고 공정한 삶을 갈망했던 그의 애절한 마음을 담아 보겠다.

고창 생가터

정읍 고택

절명시
때가 이르러서는 천지와 함께했으나
운이 가니 영웅도 스스로 꾀할 바 없다
백성을 사랑한 정의에 내 잘못은 없노라
나라를 사랑한 붉은 마음 누가 알아주겠나.
《전봉준》

설레는 유적여행

잔인한 시간

가난과 질병은 그것으로 끝나지 않고 반드시 크고 작은 문제들을 일으키겠습니다. 가난하면 싸우게 될 것이고, 아프면 자신도 모르게 이기적으로 변하기 쉽고, 둘 다 불행으로 가는 교차로에서 필연적으로 만나게 되어 있지요.

그러나 크게 보면 가난·질병·죽음을 몰고 오는 것 중에서 전쟁만 한 것이 없고, 역사가 시작된 이래로 인간은 서로 죽이고 죽임을 당하는 잔인함을 멈추지 않고 있겠습니다.

종교적 신앙·애국심·좌우의 이념 등으로 포장되었을지 모르는 생존 본능은, 동전의 양면처럼 타인의 삶을 무차별하게 희생시키는 것과 연결되어 있지요.

2024년 아름다운 가을의 끝자락에서 지구 저편의 전쟁과
우리의 삶은 여러모로 잔인한 시간이 되겠습니다.

세상을 찬찬히 들여다보며 가야 하는 이유이지요.

거창 양민학살

  1951년 2월 9일부터 11일까지 3일간 거창군 신원면에서 육군 제11사단 9연대가 빨치산 토벌을 구실로 민간인 719명을 학살한 사건으로, 군인이 민간인을 대량 학살한 비극적인 사건이다. '공비 근거지가 될 가옥 소각! 식량 확보 및 불가능 시 소각! 작전 지역 내 인원 전원 사살!' 일찍이 일본군들이 의병을 토벌할 때 사용했고 간도 특설대가 즐겨 써먹었던 지역 내 싹쓸이 작전이었다. 거창은 우리나라에서 바다로부터의 거리가 가장 먼 지역으로 알려져 있다. 심심산골이라 6·25 전쟁 전후 빨치산 활동의 주요 거점이었고, 지리산 자락 곳곳에서 민간인 학살이 자행된 것도 그런 연유다. 추모공원은 거창군 신원면에서 500미터쯤 떨어진 곳에 지어졌고, 719기의 묘비가 자리한 터 옆으로 위패 봉안각과 역사교육관 등이 세워져 있겠다.

추모공원

설레는 유적여행

박산골 학살현장 '총탄흔적바위'

희생장소 보존비

총탄 자국 바위와 5·16 군사 쿠데타 직후 부서져서 땅에 묻혔던 거창 박산골 묘역 위령비가 되겠다. 뒤쪽으로 남자묘·여자묘·소아묘가 있는데, 5·16쿠데타 세력이 당시 유해를 훼손해 흙더미와 섞는 만행을 저질렀다. 유족회 간부를 반국가 단체로 몰아 투옥하고 묘역을 파헤쳐 유골을 개인별로 묻는가 하면, 위령비의 글자들을 지워 땅속에 파묻는 만행을 저지른 현장이다.

백 세 인생

가끔씩 어떤 사람들의 지나친 자신감에 놀라울 때가 있지요.
"나는 문제없다고, 앞으로도 문제없을 것이라고."

그렇게 문제를 부인하려는 모습이 애처롭기까지 하겠습니다.
우리는 생각보다는 그렇게 강하진 않지요.
언제든 아플 수 있고, 어쩌면 지금 아픈 상태일 수도 있겠습니다.

아파도 좋고, 약해도 좋고, 아픈 나를 돌보며 건강해지면 되지요. 약한
나를 아껴주며 성장시키면 그만이겠습니다.
또 자신보다 약한 사람들을 보면 지켜보면서 도와주면 되지요.

다만, 나는 괜찮다는 사람, 언제나 괜찮을 것이라 말하는 사람이
실은 가장 위험할 수 있겠습니다.
어쩌면 그렇게 말하는 사람은 이미 위험에 빠져있는지도 모르지요.

백 세 인생이 그렇게 호락호락하지는 않을 테니
익은 홍시를 다룰 때 조심해야 하듯
익어가는 삶도 조심히 보살펴야 하겠습니다.

역사상 최악의 비극 / 국가가 자행했던 무참한 집단 살인

제주 4·3사건

2025년 4월 10일 제주 4·3 기록물 유네스코 세계기록유산 등재!

제주 4·3사건은 한날한시에 300여 명이 희생당하는 등 단일사건 가장 많은 희생자를 낳은 비극적인 역사라고 하겠다. 당시 희생자들을 기리고 잊지 않기 위해 기념관을 조성했고, 그 흔적을 담고 있는 역사의 현장이다. 제주 4·3사건은 1947년 3월 1일을 기점으로 1954년 9월까지 제주도에서 발생한 정부·미군정·친일파 등과 제주도민 간의 무력 충돌에 이은 학살로 수많은 민간인이 희생당한 비극적인 사건이다. 여순사건·보도연맹 학살사건·거창 양민학살사건 등이 우리나라 1공화국 시기에 자행된 민간인이 희생된 대표적인 사건이라고 하겠다. 4·3사건의 희생자는 대략 3만~8만여 명으로 당시 제주도민 10% 이상에 해당하는 어떤 전쟁보다 더 비극적인 사건이었다.

3 · 1절 발포 사건과 관덕정

　제주 4·3사건은 1947년 3·1절 발포 사건에서 시작되었다. 3·1절 행사에 참여한 군중들의 가두시위 중 관덕정 부근에서 어린아이가 기마 경찰의 말발굽에 치여 사망했는데 아무런 조치와 사과도 없이 그대로 두고 가버렸다.

　이에 도민들이 경찰서로 몰려가 사과를 요구하게 된다. 그러나 경찰은 이를 폭동으로 여겨 관덕정 앞에서 경찰이 쏜 총에 어린아이와 임산부 등 6명이 죽고 다쳤다. 거기서 거치지 않고 다음 날부터 3·1절 행사를 주관했던 사람들과 학생들을 잡아가 고문까지 자행한다. 이 소식이 전해지면서 제주도민들은 분노했고, 1947년 3월 10일부터 세계적으로도 유래가 없는 민·관 합동 총파업이 시작됐다.

　관덕정은 세종 때 만들어진 정자로 이곳에서 잔치 등 여러 가지 행사가 열리기도 했다. 사건 당시 무장대 사령관이었던 이덕구의 시신을 관덕정 앞 십자가 형틀에 걸어 며칠 동안 전시하는 만행도 저질렀다.

제주 4 · 3사건의 도화선이 되었던 관덕정 광장

설레는 유적여행

제주 서귀포 섯알오름 4·3양민학살터

1950년 한국전쟁이 발발하자 치안국이 '예비검속법'을 악용하여 법적인 절차도 거치지 않고 모슬포 주민 357명 중 252명을 총살했다. 시신은 돌무더기와 함께 암매장하였는데, 트럭에서 내리는 민간인을 호 가장자리로 끌고 와서 한 명씩 세워놓고 총살한 아픔의 장소이다. 사건을 숨기기 위해 학살터 일대를 출입 통

제한 탓에 유족들은 몇 년이 지나서야 시신을 찾아갈 수 있었다. 그러나 이미 시신들이 썩고 뒤엉겨서 결국 두개골과 팔, 다리뼈들을 적당히 맞춘 132구의 시신을 한곳에 안장할 수밖에 없었다. 입구에 희생당하신 분들을 기리기 위한 추모비가 건립되어 있다.

집단학살 현장

서귀포 섯알오름은 제주 바다가 내려다보이는 아름다운 풍광에 한 맺힌 역사의 상흔이 덮인 곳이다. 4·3사건 당시 아이와 노인까지 잡아 학살이 자행되었고, 증거인멸을 위해 유품을 태우기까지 했다. 그 후 한국전쟁 당시에도 아군에게 피해를 줄 수 있다는 빌미로 '예비검속'을 앞세워 대학살이 자행된 비극적인 현장이다.

학살 현장에는 당시 유품을 모아 불태웠던 상황을 재현한 조형물과 추모비, 함께 놓여 있는 제물들과 고무신, 이 모든 것을 설명하는 비석들을 볼 수 있다.

다랑쉬오름

코를 파묻고 죽어있는 사람들

다랑쉬오름은 4·3사건의 다랑쉬굴이 있던 장소로 굴 안에서 희생자들 시신이 발견돼 충격을 줬던 장소이다. 사건 당시 다랑쉬오름은 인근 세화

리, 종달리 주민들의 도피처였고, 현재는 굴 입구가 막혀 들어갈 수 없다. 참혹한 시간을 묵묵히 지켜봤을 다랑쉬오름은 여전히 위엄이 있다. 상처 부위에 새살이 다시 돋아나듯, 새로운 제주의 봄이 꽃피울 수 있기를 소망하겠다.

그 어떤 아픔보다 더 아픈 우리의 역사 그날을 기억하는 공간
제주4·3평화기념관

권력의 탐욕과 이념 전쟁에 희생된 제주 민초들의 비통하고 처참한 기억이 담긴 공간이다. 기념관 내에는 희생자들의 죽음을 다양한 형상으로 재현한 아트워크와 시대의 아픔을 직관하고 공감할 수 있는 다양한 자료를 전시해 누구든 기억해야 할 제주 4·3 이야기들을 담고 있다.

제주4·3평화기념관

희생자 영정 사진

좌우 벽면과 천장에 걸린 4·3 희생자들의 사진을 통해 4·3의 기억에서 평화와 인권의 소중함을 다시 생각하게 되는 공간이다. 4·3으로 발생한 민간인의 학살과 당시 제주도민의 처절했던 삶은 오롯이 우리의 삶이고 반드시 기억해야 할 역사다.

설레는 유적여행

4 · 3백비 언젠가 이 비에 제주 4 · 3의 이름을 새기고 일으켜 세우리라!

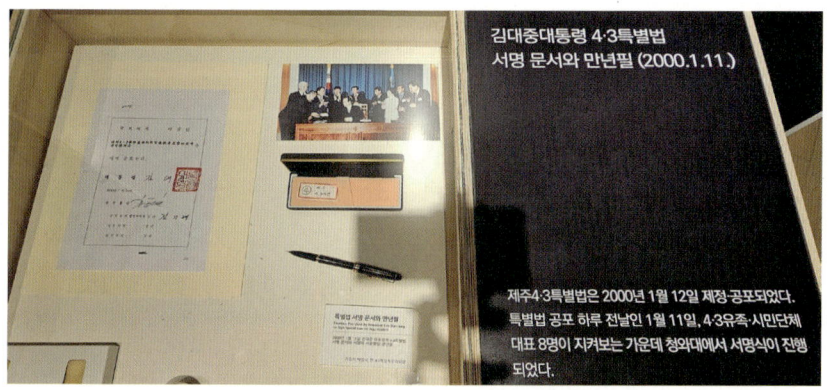

김대중대통령 4·3특별법
서명 문서와 만년필 (2000.1.11.)

제주4·3특별법은 2000년 1월 12일 제정·공포되었다.
특별법 공포 하루 전날인 1월 11일, 4·3유족·시민단체
대표 8명이 지켜보는 가운데 청와대에서 서명식이 진행
되었다.

제주 4 · 3특별법

　제주 4·3사건의 진상을 규명하고 이 사건과 관련된 희생자와 그 유족들의 명예 회복 및 희생자들을 보상함으로써 인권신장과 민주발전 및 국민화합에 이바지함을 목적으로 한다. 제주 4·3사건이란 1947년 3월 1일을 기점으로 1948년 4월 3일 발생한 소요사태 및 1954년 9월 21일까지 제주도에서 발생한 무력 충돌과 그 진압과정에서 주민들이 희생당한 사건을 말한다. '희생자'란 제주 4·3사건으로 인하여 사망하거나 행방불명된 사람, 후유장애가 남은 사람 또는 수형인을 말한다.

지우고, 걷어 내고, 비워라

떠나야겠다고 생각하는 사람.

떠나겠다고 말하는 사람.

떠나가는 사람.

인간사의 헤어짐은 짧고 이별은 격식마저 없어져 가지요.

하나의 마침은 또 하나의 시작임엔 분명하지만, 새로운 출발 앞에서 막
막하고 불안한 것은 어쩔 수 없는 우리 현실이 되겠습니다.

"우리는 무엇에 기대어 낯선 세계로 떠날 수 있을까?"

절벽 둥지를 나와 세상으로 향하는 새끼 물오리의 첫 미션은,

천 길 절벽에서 그냥 뛰어내리는 것이지요.

절벽에 부딪히며 떨어져 내리는 물오리를 보호하는 것은,

오직 내부의 '비어 있음'이겠습니다.

그것이 에어쿠션 역할을 해서 충격을 흡수하는 것이지요.

미지의 세상으로 떠날 때 뭔가 필요할 것 같은 생각에 많은 것을 채워 떠
나지만, 그것은 결국 낯설고 먼 길에서는 무거운 짐이 될 뿐이겠습니다. 새
로운 길을 나설 때는 잘 비워진 마음이 필요하지요.

지우고, 걷어 내고, 비워야만 비로소 눈앞의 새것을 있는 그대로
볼 수 있겠습니다. 안전이라면 이것이 유일한 안전책이지요,

덕을 갖춘 사람은 외롭지 않고 친구는 어디에든 있을 테니,

끝내고 새로 시작하는 모든 이에게

평온한 마음과 가벼운 발걸음을 기원하겠습니다.

3·15의거 & 4·19혁명

평범한 시민들의 분노
할아버지·할머니도 함께했다!

마산 3 · 15의거

1960년 3월 15일 대통령 선거에서 이승만과 자유당이 부정선거를 자행했다. 사전투표·공개투표·투표함강탈·투표조작 등이 보고되고, 부통령 이기붕이 100%에 달하는 결과가 나오자 79%로 하향 조작하는 사건까지 일어났다. 여러 부정이 밝혀지자 마산 시민들의 시위가 확산되었고, 경찰의 해산 시도에 시위대는 강력하게 맞서다가 최루탄과 총기로 870여 명의 사상자가 발생하게 된다. 여기에 정부는 공산당 배후의 좌익 폭동이라고 매도해 시민들의 반발을 고조시켰다. 이때 실종되었던 김주열 학생의 시신이 눈에 최루탄이 박힌 채 28일 만에 마산 앞바다에 떠오

3 · 15의거 기념탑

른다. 분노한 시민의 2차 시위가 전국민적 분노로 확대되면서 정권의 퇴진을 요구하기에 이른다.

마산중앙부두와 김주열 열사

　마산상업고등학교 입시를 치르고 돌아와 1960년 3월 14일로 예정된 합격자 발표를 앞두고 형과 함께 남원에서 마산으로 갔다. 그러나 3·15 부정선거를 앞두고 군중이 모이는 것을 꺼린 교육청에서 합격자 발표를 3월 16일로 연기했다. 이 때문에 남원으로 귀향하지 못했다. 당시 그의 이모할머니는 열렬한 민주당 당원이었는데 자유당의 부정선거로 인해 투표 통지표가 전달되지 않아 분노하던 중이었다. 부정선거가 들통났고 학생과 시민들이 거리로 나와서 시위를 하자 형제들도 시위에 합류했지만 돌아오지 않았다. 그의 시신을 유기한 범인 박종표는 일제강점기 때부터 경찰 일을 한 헌병보 출신이었다. 3월 15일 선거 당일 밤 1차 시위 때 시위대를 향한 발포를 주도했고, 김주열의 시신을 발견하고 서장의 지시를 받아 돌을 매달아 마산 앞바다에 유기했다. 마산중앙부두는 남원의 아들로 태어나 불의와 싸워 마산 3·15혁명의 아들로 희생되고, 4·19혁명으로 이어져 국민의 아들이 된 김주열 열사의 시신이 수습된 장소이다. 그의 숭고한 희생이 깃든 민주 항쟁의 역사 유적이 되겠다.

우린 모두 만난다

　가진 연장이라고는 망치밖에 없는 목수에겐 세상이 모두 못으로 보인다는 말이 있겠습니다. 손바닥만 한 지식으로 인생을 얻으려는 어리석은 사람들에 대한 다소 야유 섞인 표현이겠지요.

　한편으로 보면 세상을 온통 못으로 볼 수 있을 정도의 극한 체험 없이 세상을 쉽게 보려고 하는 것은 피상적일 수도 있겠습니다.

　이왕에 망치를 들었다면 세상을 전부 못으로 수렴하는 절정을 맛봐야겠지요. 하나로 모이고 관통하면 대패도, 톱도 모두 그 속에서 마땅한 자리를 얻을 수 있겠습니다.

　인생은 너무 짧고 우리가 바라는 공부를 이루기가 참으로 어렵지요. 하나를 잡고 오직 한 길로 나아가다가 우리 모두가 오롯이 하나로 만나는 설렘의 인생 여행이 되기를 기원하겠습니다.

부산 4·19혁명

1960년 4월 11일 마산에서 김주열 학생 시신이 발견된 게 도화선이 된 전국적 시위는, 서울 지역 총학생회 간에 논의를 통해 19일 오전 9시 일제히 경무대와 중앙청 앞에 집결하는 것으로 행동 지침을 정했다. 경무대 앞엔 대학생만 2만여 명을 헤아릴 만큼 엄청난 군중이 몰렸고, 경찰이 무차별 총격을 가하면서 사망 21명, 부상 172명 등의 많은 희생자가 발생한다. 과잉 진압은 국민을 격노시켰고, 결국 엿새 후 대학교수들의 시국선언과 장시간 설득 끝에 대통령 하야로 이어졌다. 4월 23일 경찰의 발포로 시민들의 사망 소식을 전달받은 이승만은 병원을 찾아 부상 학생들을 위문한 뒤, 애도의 뜻을 공식적으로 발표하게 된다. 4월 24일 유혈사태에 대한 책임을 지고 자유당 총재직을 사임한 뒤, 4월 26일 라디오를 통해, 하야를 발표하기에 이른다.

부산 4·19광장 위령탑

설레는 유적여행

부산 4 · 19광장과 민주 공원

    부당한 이승만 독재 정권에 맞섰던 4·19혁명과 부마민주항쟁 및 6월민주항쟁으로 이어져 온 시민의 숭고한 희생정신을 기리고 계승 발전시키기 위해 위령탑과 민주공원을 조성하여 후대에 귀감이 되는 가치 있는 대한민국 민주화 역사 교육의 장을 만들었다.

"이 시대에 과연 시인은 어떤 노래를 부를 수 있는가?
무슨 악기로 어떤 화음에 공명할 수 있는가?
우리 삶의 신성한 공기를 오염시키는 자들,
우리 존재의 빛을 어둡게 만드는 저 무리들을 언제까지 견뎌야 하는가?
신은 과연 무슨 의도와 목적을 가지고
저들로 하여금 우리를 슬프게 만드는 걸까?"

《류시화 시인》

맺음글

세상 사는 것에 당연히 그런 것은 없겠습니다.

내 앞에 놓인 것들은 누구든 어디서든 해야 하는 일이지요.

물론 우리는 각자의 삶을 위해 일하겠습니다.

공짜 일은 없는 것이니 반드시 그에 걸맞은 대가를 받게 되지요.

그러나 고마운 마음은 있겠습니다.

대부분의 사람들이 자신의 삶을 위해 열심히 살아준 덕분에

나도 더불어 지금까지 잘 살 수 있었기 때문이지요.

"나는 열심히 살았나. 그것이 다른 사람에게도 도움이 되었나. 지금 잘 가고 있나?"

매번 생각해 봐도 내 삶과 함께해 준 많은 사람에게 사랑의 빚만 더 커졌음을 알겠습니다.

그러니 나에겐 그저 삶 자체가 고마울 수밖에 없지요.

지금까지의 인연과 새롭게 만날 인연에게도 신의 축복이 함께하기를 기원하겠습니다. 내려놓고 가볍게 가세요.

설레는 역사유적을 찾아서. 인샬라!

여행은 돌아옴을 전제로 잠시 떠남인 것이고
자연이든 마음이든 나를 만나고 이해하면서
직면하는 싱싱한 손맛을 통해서
생생한 나로 되살아날 수 있다.
《2025. 3. 김용규》

참고문헌

- 『고승과 명찰』, 황원갑, 바움
- 『산중 암자에서 듣다』, 박원식, 북하우스
- 『아름다운 사찰여행』, 유철상, 상상출판
- 『한국의 서원』, 이종호, 진한엠앤비
- 『한국의 세계문화유산 1·2』, 이종호, 북카라반
- 『누정, 선비문화의 산실』, 우응순, 한국학중앙연구원
- 『인문학으로 누정 읽기』, 박연호, 충북대학교 출판부
- 『한국 정원 기행』, 김종길, 미래의 창
- 『암자에서 길을 묻다』, 유용수, 새로운사람들
- 『사찰에 깃든 문학』, 손종흠, 지식의날개
- 『제주오름 트레킹가이드』, 이승태, 중앙books
- 『아는 만큼 보인다』, 유흥준, 창비
- 『늘 깨어나는 지금』, 알마스·김훈 옮김, 김영사
- 『깨어남에서 깨달음까지』, 아디야산티·정성채 옮김, 정신세계사

인터넷 사이트

– 국가유산청, 대한민국구석구석, 네이버지식백과, 한국민족문화대백과사전, 나무위키